国家级实验教学示范中心

"土木工程实验教学中心"系列实验教材

西南交通大学"323实验室工程"系列教材

U0276429

土力学实验教程

（含实验手册）

编　杨　梅　邱祖华

审　毛坚强

主审　西南交通大学实验室及设备管理处

西南交通大学出版社

·成　都·

内 容 提 要

本教程是根据四年制本科土木工程及地质工程专业土力学教学大纲的要求编写的。该教程（含实验手册）共 8 章 22 个实验，包括密度、比重、含水率、液限、塑限、固结、直剪、静力三轴压缩、颗粒分析、击实、渗透、膨胀、承载比（CBR）、静力触探、动力三轴等，内容简明扼要，重点突出，图文并茂。

本教程要求学生在完成土力学课程所规定的常规土力学实验的基础上，进一步扩展、巩固和加深已学过的专业理论知识，加强对学生动手能力的培养。

本教程可作为各类高等学校土木工程及地质专业的实验教材，有关大专班实验教学也可采用此教程，也可供土木工程技术人员参考。

图书在版编目（CIP）数据

土力学实验教程：含实验手册 / 杨梅，邱祖华编.
—成都：西南交通大学出版社，2012.9（2024.7 重印）
（国家级实验教学示范中心 "土木工程实验教学中心"
系列实验教材. 西南交通大学 "323 实验室工程" 系列教材）
ISBN 978-7-5643-1985-4

Ⅰ. ①土… Ⅱ. ①杨… ②邱… Ⅲ.①土力学 – 实验
– 高等学校 – 教材 Ⅳ. ①TU43-33

中国版本图书馆 CIP 数据核字（2012）第 225233 号

国家级实验教学示范中心
"土木工程实验教学中心" 系列实验教材
西南交通大学 "323 实验室工程" 系列教材

土力学实验教程
（含实验手册）

编 杨 梅 邱祖华

*

责任编辑 杨 勇
特邀编辑 姜锡伟
封面设计 本格设计
西南交通大学出版社出版发行
（四川省成都市二环路北一段 111 号西南交通大学创新大厦 21 楼
邮政编码：610031 发行部电话：028-87600564）
http://press.swjtu.edu.cn
四川森林印务有限责任公司印刷

*

成品尺寸：185 mm×260 mm 总印张：8.5
总字数：209 千字
2012 年 9 月第 1 版 2024 年 7 月第 8 次印刷
ISBN 978-7-5643-1985-4
套价：22.00 元

前　言

　　土工实验是土木工程中的重要内容之一。无论是高层建筑、重型厂房、高速公路、铁路和机场，还是地下车库和隧道等，都与土体有着密切的关系。土工实验不仅在生产实践中十分重要，而且对土力学学科理论的研究和发展也起着决定性作用。

　　本教程（含实验手册）是根据四年制本科土木工程及地质工程专业土力学教学大纲的要求，依据国家及有关行业关于土工实验的最新规范和规程编写的。本教程包括土的三相组成及物性指标、土的工程分类、试样制备和饱和、土的物理性质实验、土的力学性质实验、土的水理性质实验、土的动力性质实验和土工原位测试实验等8章内容。其中，土的物理性质实验包括密度、含水率、土粒比重、颗粒分析、相对密实度实验；土的力学性质实验包括固结、直接剪切、静力三轴压缩、无侧限抗压强度、承载比（CBR）、回弹模量实验；土的水理性质实验包括液限、塑限、渗透、自由膨胀率、膨胀率、膨胀力实验；土的动力性质实验包括击实、振动三轴实验；土工原位测试实验包括原位密度、载荷、静力触探、十字板剪切实验。

　　本教程的目的在于使学生掌握最基本的土工实验技能以及对实验数据的处理、分析方法，初步具备利用实验所得参数解决实际工程问题的能力，通过实验加深对土力学原理的理解。由于课程学时的限制，课堂上学生只能对实验方法和测试手段作一些初步了解。

　　在教学中，各专业可以根据教学大纲的具体要求确定实验项目。

　　同其他实验技术一样，当代高新技术也推动着土工测试技术的革新，一些实验项目已出现新的测试手段，使实验结果的可靠性明显提高。我们自己也结合教学实验，开发了比较实用的数据处理系统。

　　考虑到实验学时有限，本教程只介绍一些常规实验方法。学生在今后的工作中应按国家及行业有关操作规范、规程进行实验。

　　本教程是在西南交通大学土木学院岩土工程系、岩土中心刘萍、彭地、李炜、李春晓等老师们的大力支持与帮助下编写而成的。在编写过程中，特别得到土木学院陈春光教授的悉心指导，研究生耿大将参与了全书的文字编辑与校核工作，在此表示衷心感谢！

　　限于编者水平，不妥之处在所难免，恳请读者批评指正。

编　者

2012 年 8 月

目　录

第 1 章　土的三相组成及物性指标

1.1　土的形成

土是由地壳表面的岩石经过物理风化、化学风化和生物风化作用形成的产物。经过这些风化作用所形成的矿物颗粒堆积在一起，颗粒间存在着孔隙，孔隙间填充着水和空气。这种松散的固体颗粒（有时还会含有机质）、水和气体的集合体即是土。

土在其形成的过程中还受到重力、流水、冰川和风等自然力的作用而运动、迁移和沉积，在不同的自然环境中沉积，形成不同的结构与构造。

广泛分布在地壳表面的土，主要特征是分散性、复杂性和易变性。因其组成是固体颗粒和孔隙及存在于孔隙中的水和气体的分散体系，与岩石相比土颗粒之间没有或只有很弱的联结，因而土的强度低且易变形。因受不同自然力作用，在不同的环境下沉积，造成了土的分布和性质方面的复杂性。又因为土具有分散性，它的性质极易受到外界温度和湿度变化的影响，表现出易变性。土的这些特征无疑都将反映到它的物理、化学和力学等性质中。

1.2　土的三相组成

如图 1.1 所示，土是由土颗粒（固相）、水（液相）及气体（气相）三种物质组成的集合体。

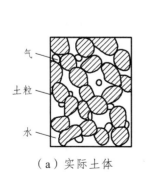
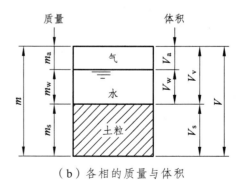

（a）实际土体　　　　　　　　（b）各相的质量与体积

图 1.1　土的三相组成

1.2.1 固 相

土的固相物质分为无机矿物颗粒和有机质，成为土体的骨架。矿物颗粒由原生矿物和次生矿物组成。

土在风化过程中，往往有微生物的参与，因此在土中产生了有机质成分。在土中，有机质成分分解完全的，称为腐殖质土；若土中有机质成分分解不完全，尚存在残余物的，称为泥炭。含有有机质成分将对土的工程性质产生不利的影响。

1.2.2 液 相

土的液相是指土孔隙中存在的水。一般把这种水的物理性质看成与自由水的物理性质一样，是无色、无味、无臭的中性液体，其密度等于 1 g/cm³，标准大气压下，在 0 ℃ 时冻结，在 100 ℃ 时沸腾。但实质上，土中的水是成分复杂的电解质溶液，它与土粒间有着复杂的相互作用。

水在土中以三种状态存在：固态、液态和气态。

1. 气态水

土孔隙中存在水汽，它与空气形成气态混合物。在大气压力、温度、湿度变化的影响下，气态水被迫随着土中空气在土中移动，或者由于水汽压力梯度的存在，以扩散的方式积极地移动。

2. 液态水

可分为存在于矿物颗粒内部的水及存在于颗粒间孔隙中的水。

（1）结合水。根据被吸附的程度可分为两种形式：强结合水和弱结合水。

强结合水：靠近颗粒表面的结合水。强结合水受到的吸引力可达 1 GPa。强结合水只有转变为气态，才能够移动。这种转变依赖于温度和湿度的变化，要经高温烘烤（150 ℃ ~ 300 ℃）才会气化脱离。强结合水没有溶解和导电能力。

强结合水在砂土中的含量极微，不到 1%，只含强结合水的砂土呈散粒状态，在黏性土中的含量可多达 10% ~ 20%。只含强结合水的黏性土可呈固体状态，磨碎后呈粉末。

弱结合水：也称薄膜水。位于强结合水外围，占结合水的绝大部分，吸附在土粒表面。弱结合水受到的粒面引力随离粒面距离的增大而减小；并可向引力较大处或结合水较薄处移动，但移动的速度很小。它具有溶解和移动电解质的能力。土中含弱结合水可使土具有塑性（即土可以被捏成各种形状而不破裂，也不流动的特性）。弱结合水在黏性土中含量可达 30% ~ 40%甚至更多。弱结合水在土中的含量可在一些外因影响下发生变化，从而引起黏性土物理力学性质的显著变化。

结合水（包括强结合水和弱结合水）有时占据很大的容积，因而减少了内部孔隙和毛细管的断面（有时减少 20% ~ 40%）。在黏粒含量高的土中，结合水完全能够充满细小孔隙，这就降低了土的渗透性。

（2）毛细水。土中固、液、气三相交界处，因受到毛细作用，能在粒间孔隙中滞留或上升到一定高度的水。毛细水的上升高度在粗粒中很小，在细粒中较大。毛细水的表面张力使缝壁粒面产生内挤压力，即毛细压力。由于表面张力的作用，毛细水可在土孔隙中移动。它能够溶解电解质并使之发生迁移，地基中毛细水的上升可以降低土的力学强度，并因毛细压力的增加而产生沉降。在寒冷地区，毛细水的上升可能加剧冻胀现象，造成严重冻胀，从而破坏道路及构造物。

（3）重力水。在重力或压力差作用下运动的普通水，它倾向于垂直下行（或侧向的沿地面坡度）运动。运动的水可带走土中的细粒或使土体处于失重状态而丧失稳定。重力水还能溶解或析出水中的电解质，从而改变土的工程性质。

3. 固态水

固态水是指土中的化学结合水和冰。其中，化学结合水是土体固相的组分，单以结晶水或组构水形式存在。冰存在于冻土中。

1.2.3　气　相

土中的气体主要指土孔隙中充填的空气及水汽，有时也有可能有较多的二氧化碳、沼气等。土中气体有不同的存在形式。当与大气相连通时，在外力作用下，自由气体被很快地从孔隙中挤出，一般不影响土的工程性质；封闭气体的存在会降低土的渗透性和压实度，当其冲破土层逸出时，会造成土体突然沉陷。

1.3　土的物理性质指标

将分布于土中的土颗粒、水和气分别集中起来，划分为固相、液相、气相三部分（图 1.1（b）），称为三相图。

这三种物质在体积和质量上所占比例的不同，会对土的物理、力学性质产生直接的影响。

由图 1.1、图 1.2 可知：

土样的体积

$$V = V_s + V_w + V_a$$

土样的质量

$$m = m_s + m_w + m_a$$

因 $m_a \approx 0$，故

$$m = m_s + m_w$$

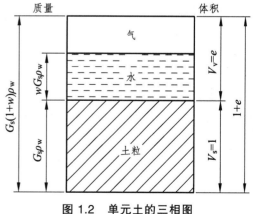

图 1.2　单元土的三相图

1. 土的密度 ρ

土的密度为土体单位体积的质量，即

$$\rho = \frac{m}{V} \quad (g/cm^3) \tag{1.1}$$

土粒密度

$$\rho_s = \frac{m_s}{V_s} \tag{1.2}$$

2. 土颗粒的比重 G_s

土颗粒的比重为土的固体颗粒的单位体积的质量与水 4℃ 时单位体积的质量之比，即

$$G_s = \frac{m_s / V_s}{m_w / V_{w4℃}} \tag{1.3}$$

土粒比重取决于土的矿物成分，其变化范围一般在 2.60~2.75。

3. 土的含水率 w

土的含水率为土中水的质量与固体颗粒质量之比，通常以百分数表示，即

$$w = \frac{m_w}{m_s} \times 100\% \tag{1.4}$$

含水率是表示土湿度的指标。土的天然含水率变化范围很大，从干砂接近于零，一直到某些饱和黏土的百分之几百。

上述三项指标是通过试验直接测定的，称为基本物理性质指标。

4. 干密度 ρ_d

干密度为土的固体颗粒质量与土的总体积之比，即

$$\rho_d = \frac{m_s}{V} \quad (g/cm^3) \tag{1.5}$$

土的干密度越大，土越密实。所以干密度常用作填土压实的控制指标。

5. 饱和密度 ρ_{sat}

饱和密度为土中孔隙全部被水充满时土的密度，即

$$\rho_{sat} = \frac{m_s + V_v \rho_w}{V} \quad (g/cm^3) \tag{1.6}$$

式中：ρ_w 是水的密度，$\rho_w = 1\,g/cm^3$。

6. 浮密度（或称浸水密度）ρ'

浮密度为土完全浸在水中受到水的浮力作用时的单位体积的质量，即

$$\rho' = \frac{m_s - V_s \rho_w}{V} \quad (g/cm^3) \tag{1.7}$$

或

$$\rho' = \rho_{sat} - \rho_w \quad (g/cm^3) \tag{1.8}$$

7. 孔隙比 e

孔隙比为土中孔隙的体积与固体颗粒体积之比，即

$$e = \frac{V_v}{V_s} \tag{1.9}$$

孔隙比可用来评价土的紧密程度。

8. 孔隙率 n

孔隙率为土中孔隙体积与总体积之比，一般用百分数表示，即

$$n = \frac{V_v}{V} \times 100\% \tag{1.10}$$

孔隙比与孔隙率之间存在下述换算关系：

$$n = \frac{e}{1+e} \tag{1.11}$$

9. 饱和度 S_r

饱和度为孔隙中水的体积与孔隙体积之比，即

$$S_r = \frac{V_w}{V_v} \tag{1.12}$$

饱和度用来描述土中水充满孔隙的程度。$S_r = 0$ 时，土是完全干燥的；$S_r = 1$ 时，土为完全饱和的。

上述指标中，第 4 到第 9 项指标，可以通过前 3 项指标由图 1.2 的三相图换算求出，见表 1.1。

表 1.1　三相指标的换算关系

指标	符号	定义式	换算关系式
孔隙比	e	$e = \dfrac{V_v}{V_s}$	$e = \dfrac{G_s(1+w)\rho_w}{\rho} - 1$
孔隙率	n	$n = \dfrac{V_v}{V} \times 100\%$	$n = 1 - \dfrac{\rho}{G_s \rho_w (1+w)}$
干密度	ρ_d	$\rho_d = \dfrac{m_s}{V}$	$\rho_d = \dfrac{\rho}{1+w}$
饱和密度	ρ_{sat}	$\rho_{sat} = \dfrac{m_s + V_v \rho_w}{V}$	$\rho_{sat} = \dfrac{(G_s + e)\rho_w}{1+e}$
浮密度	ρ'	$\rho' = \dfrac{m_s - V_s \rho_w}{V}$	$\rho' = \dfrac{\rho_w(G_s - 1)}{1+e}$
饱和度	S_r	$S_r = \dfrac{V_w}{V_v}$	$S_r = \dfrac{wG_s}{e}$

第 2 章　土的工程分类

2.1　概　述

　　土的工程分类是岩土工程勘察的基本内容，用于对土的鉴别、定名和描述，以便对土的性状作定性评价。

　　土的工程分类一般有下列几种方法：

　　（1）按地质成因，可分为残积土、坡积土、洪积土、冲积土、淤积土和冰积土等。

　　（2）按地质沉积年代，可分为老沉积土、一般沉积土和新近沉积土。

　　（3）按颗粒级配或塑性指数，可分为碎石类土、砂类土、粉土和黏性土。

　　（4）按有机质含量，可分为无机土、有机土。

　　（5）按土的工程性质的特殊性，可分为一般土和特殊土（如黄土、软土、膨胀土、红黏土、冻土等）。

2.2　土颗粒组成

　　土粒大小是描述土的最直观和最简单的标准。土粒的形状是不规则的，很难直接量测其大小，因而需要通过一些分析方法来确定。常用的分析方法有两种：大于 0.075 mm 的土粒常采用筛析法，小于 0.075 mm 的土粒则用水分法。

　　筛析法就是把土样置于筛网网孔逐级减小的一套标准筛上摇振，停留在某一筛孔上的土粒质量即代表土粒大于该筛孔而又小于上一筛孔的土粒质量。

　　水分法中常用的方法是密度计法。将土样加水制成悬浮液，用密度计测定不同时间悬液的密度，通过计算，得到不同粒径颗粒质量所占的比例。

　　土粒的大小称为粒度。在工程上，常把大小相近的土粒合并为一组，称为粒组。划分粒组有两种方式。

　　（1）任意划分的方式：按一定的比例递减关系划分粒组的界限值。

　　（2）考虑土粒性质变化的方式：使划分的粒组界限值与粒组性质（如物理性质、水理性质、力学性质等）的变化相适应。

　　对粒组的划分，各个国家，甚至一个国家各个部门都有不同的规定。表 2.1 所示为我国交通部《公路土工试验规程》（JTG E40—2007）及原水利电力部《土工试验规程》（SL 237

—1999）中粒组的划分。

表 2.1　土粒粒组的划分

粒组统称	粒组名称		《土工试验规程》（SL 237—1999）粒组范围（mm）	《公路土工试验规程》（JTG E40—2007）粒组范围（mm）
巨粒组	漂石		>200	>200
	卵石		200～60	200～60
粗粒组	砾粒（角砾）	粗砾	60～20	60～20
		中砾	20～5	20～5
		细砾	5～2	5～2
	砂粒	粗砂	2～0.5	2～0.5
		中砂	0.5～0.25	0.5～0.25
		细砂	0.25～0.075	0.25～0.075
细粒组	粉粒		0.075～0.005	0.075～0.002
	黏粒		<0.005	<0.002

2.3　碎石土分类

碎石土是指粒径大于 2 mm 的颗粒含量超过总质量 50% 的土。按粒径和颗粒形状可进一步划分为漂石、块石、卵石、碎石、圆砾和角砾，见表 2.2。

表 2.2　碎石土的分类

土的名称	颗粒形状	粒组含量
漂石	圆形及亚圆形为主	粒径大于 200 mm 的颗粒含量超过总质量的 50%
块石	棱角形为主	
卵石	圆形及亚圆形为主	粒径大于 20 mm 的颗粒含量超过总质量的 50%
碎石	棱角形为主	
圆砾	圆形及亚圆形为主	粒径大于 2 mm 的颗粒含量超过总质量的 50%
角砾	棱角形为主	

注：分类时应根据粒组含量由大到小以最先符合者确定。

2.4 砂土分类

砂土是指粒径大于 2 mm 的颗粒含量不超过总质量的 50%且粒径大于 0.075 mm 的颗粒含量超过总质量 50%的土。砂土还可分为砾砂、粗砂、中砂、细纱和粉砂,见表 2.3。

表 2.3　砂土的分类

土 的 名 称	粒 组 含 量
砾砂	粒径大于 2 mm 的颗粒含量超过总质量的 25%～50%
粗砂	粒径大于 0.5 mm 的颗粒含量超过总质量的 50%
中砂	粒径大于 0.25 mm 的颗粒含量超过总质量的 50%
细砂	粒径大于 0.075 mm 的颗粒含量超过总质量的 85%
粉砂	粒径大于 0.075 mm 的颗粒含量超过总质量的 50%

2.5 细粒土分类

粒径大于 0.075 mm 的颗粒含量不超过总质量的 50%的土属于细粒土,细粒土可划分为粉土和黏性土两大类。黏性土可再划分为粉质黏土和黏土两大类,划分标准见表 2.4。

表 2.4　细粒土分类

塑 性 指 数	土 的 名 称
$I_P > 17$	黏　土
$10 < I_P \leq 17$	粉质黏土
$I_P \leq 10$	粉　土

粉土是介于砂土和黏性土之间的过渡性土类,它同时具有砂土和黏性土的某些特征。根据黏粒含量可以将粉土再划分为砂质粉土和黏质粉土,具体划分标准见表 2.5。

表 2.5　粉土的分类

黏 粒 含 量	土 的 名 称
粒径小于 0.005 mm 的颗粒含量小于等于总质量的 10%	砂 质 粉 土
粒径小于 0.005 mm 的颗粒含量大于总质量的 10%	黏 质 粉 土

第 3 章　试样制备和饱和

3.1　试样制备

3.1.1　取土样

按常规原状土样同一组试样间密度的允许差值为 0.03 g/cm³，含水率之差不得大于 2%；扰动土样同一组试样的密度与要求的密度之差不得大于 ± 0.01 g/cm³，一组试样的含水率与要求的含水率之差不得大于 ± 1%。

3.1.2　试样制备所需的主要仪器设备

（1）细筛：孔径 0.5 mm、2 mm、5 mm。

（2）洗筛：孔径 0.075 mm。

（3）台秤和天平：称量 10 kg，最小分度值为 5 g；称量 5000 g，最小分度值为 1 g；称量 1 000 g，最小分度值为 0.5 g；称量 500 g，最小分度值为 0.1 g；称量 200 g，最小分度值为 0.01 g。

（4）环刀：内径 61.8 mm，高 40 mm；内径 61.8 mm，高 20 mm；内径 79.8 mm，高 40 mm。

（5）击样器：如图 3.1 所示；压样器：如图 3.2 所示。

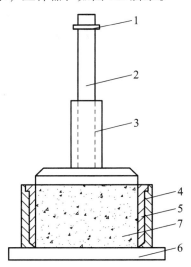

1—定位环；2—导杆；3—击锤 4—击样筒；5—环刀；6—底座；7—试样

图 3.1　击样器

（6）抽气设备：应带真空表和真空缸。

（7）其他：削土刀、钢丝锯、碎土工具、烘箱、蒸发皿等。

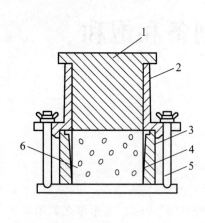
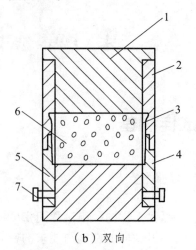

（a）单向

1—活塞；2—导筒；3—护环；4—环刀；
5—拉杆；6—试样

（b）双向

1—上活塞；2—上导筒；3—环刀；4—下导筒；
5—下活塞；6—试样；7—销钉

图 3.2　压样器

3.1.3　原状土试样制备

原状土试样制备应按下列步骤进行：

（1）将土样包装按标明的上下方向放置，小心剥去蜡封和胶带，开启土样包装，取出土样，检查土样结构。当确定土样已受扰动或取土质量不符合规定时，不能作为进行力学性质试验的试样。

（2）用环刀切取试样时，应在环刀内壁涂一薄层凡士林，刃口向下放在土样上，将环刀垂直下压，并用削土刀沿环刀外侧切削土样，边压边削至土样高出环刀。根据土样的软硬采用钢丝锯或削土刀整平环刀两端土样，擦净环刀外壁，称环刀和土的总质量。从余土中取代表性土样测定含水率。

（3）切削土样时，应对土样的层次、气味、颜色、夹杂物、裂缝和均匀性进行描述，对低塑性和高灵敏度的软土，制样时不得扰动。

3.1.4　扰动土试样的用土

扰动土试样的用土应按下列步骤进行：

（1）将土样从土样筒或包装袋中取出，对土样的颜色、气味、夹杂物和土类及均匀程度进行描述，并将土样弄碎，拌和均匀，取代表性土样测定含水率。

（2）对均质和含有机质的土样，宜采用天然含水率状态下的代表性土样，供颗粒分析、界限含水率实验。对非均质土应根据实验项目取足够数量的土样，置于通风处晾干至可碾散为止。对砂土和进行比重实验的土样宜在 105 ℃ ~ 110 ℃ 温度下烘干；对有机质含量超过 5%

的土、含石膏和硫酸盐的土，应在 65 ℃ ~ 70 ℃ 温度下烘干。

（3）将风干或烘干的土样放在橡皮板上用木碾碾散，对不含砂和砾的土样，可用碎土器碾散（不得将土粒破碎）。

（4）分散后的粗粒土和细粒土应按表 3.1 的要求过筛。对含细粒土的砾质土，应先用水浸泡并充分搅拌，使粗细颗粒分离后，按不同实验项目的要求进行过筛。

表 3.1　取样质量和过筛标准

土样数量\项目\土类	黏性土		砂土		过筛标准（mm）
	原状土（筒）ϕ10 cm × 20 cm	扰动土（g）	原状土（筒）ϕ10 cm × 20 cm	扰动土（g）	
含水率		800		500	
比重		800		500	
颗粒分析		800		500	
界限含水率		500			0.5
密度	1		1		
固结	1	2 000			2.0
黄土湿陷	1				
三轴压缩	2	5 000		5 000	2.0
膨胀、收缩	2	2 000		8 000	2.0
直接剪切	1	2 000			2.0
击实及承载比		轻型>15 000 重型>30 000			5.0
无侧限抗压强度	1				
反复直剪	1	2 000			2.0
相对密度				2 000	
渗透	1	1 000		2 000	2.0
化学分析		300			2.0
离心含水当量		300			0.5

3.1.5　扰动土样的制作

扰动土样的制作应按下列步骤进行：

（1）试样的数量视项目而定，应有备用试样 1 个 ~ 2 个。

（2）将碾散的风干土样通过孔径 2 mm 或 5 mm 的筛，取筛下足够实验用的土，充分拌匀，测定风干含水率，装入保湿缸或塑料袋内备用。

（3）根据实验所需的土量与含水率，制备试样所需的加水量，应按式（3.1）计算：

$$m_{\mathrm{w}} = \frac{m_0}{1 + 0.01 w_0} \times 0.01(w_1 - w_0) \qquad (3.1)$$

式中　　m_w ——制备试样所需要的加水量，g；

　　　　m_0 ——湿土（或风干土）质量，g；

　　　　w_0 ——湿土（或风干土）含水率，%；

　　　　w_1 ——制样要求的含水率，%。

　　（4）称取过筛的风干土样平铺于搪瓷盘内，将水均匀喷洒于土样上，充分拌匀后装入盛土容器内盖紧，润湿一昼夜；砂土的润湿时间可酌减。

　　（5）测定润湿土样不同位置处的含水率，不应少于两点。含水率与要求的含水率差值不大于±1%。

　　（6）根据环刀容积及所需的干密度，所需的湿土质量 m_0 应按式（3.2）计算：

$$m_0 = (1 + 0.01w_0)\rho_d V \qquad (3.2)$$

式中　　ρ_d ——试样的干密度，g/cm³；

　　　　V ——试样体积（环刀容积），cm³。

　　（7）扰动土制样可采用击样法和压样法。

　　击样法：将根据环刀容积和要求干密度所需质量的湿土倒入装有环刀的击样器内，击实到所需密度。

　　压样法：将根据环刀容积和要求干密度所需质量的湿土倒入装有环刀的压样器内，以静压力通过活塞将土样压紧到所需密度。

　　（8）取出带有试样的环刀，称环刀和试样总质量。对不需要饱和的土，应立即存放在蒸发皿内备用。

3.2　试样饱和

　　土的孔隙逐渐被水填充的过程称为饱和。孔隙被水充满的土称为饱和土。

3.2.1　土样的透水性能饱和法

　　土样的透水性能饱和法根据土的渗透性大小，可分别采用下列方法对试样进行饱和：

　　（1）粗粒土采用浸水饱和法。

　　（2）渗透系数大于10^{-4} cm/s（较易透水）的细粒土，采用毛细管饱和法较方便；渗透系数小于或等于10^{-4} cm/s（不易透水）的细粒土，采用抽气饱和法。（对结构较弱，抽气可能发生扰动者，不宜采用抽气法。）

3.2.2　毛细管饱和法

　　毛细管饱和法应按下列步骤进行：

（1）选用框式饱和器（图 3.3），试样上、下面放滤纸和直径大于环刀的透水板，装入饱和器内，通过框架两端的螺丝将透水板、环刀夹紧。

（2）将装好的饱和器放入水箱内，注入清水。水面不宜将试样淹没，使土中气体得以排出关箱盖，防止水分蒸发。浸水时间一般约为 3 天，靠土的毛细管作用使试样充分饱和。

（3）取出饱和器，松开螺丝，取出环刀，擦干外壁，称环刀和试样的总质量，并计算试样的饱和度。当饱和度低于 95%时，应继续进行饱和。

3.2.3 抽气饱和法

抽气饱和法应按下列步骤进行：

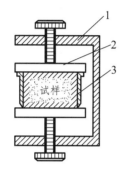

1—框架；2—透水板；3—环刀

图 3.3 框式饱和器

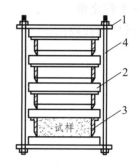

1—夹板；2—透水板；3—环刀；4—拉杆

图 3.4 重叠式饱和器

（1）可选用叠式（图 3.4）或框式饱和器（图 3.3）和真空饱和装置（图 3.5）。在叠式饱和器下夹板的正中，依次放置直径大于环刀的透水板和滤纸、带试样的环刀、直径大于环刀的滤纸和透水板，如此顺序重复，由下向上重叠到拉杆高度，将饱和器上夹板盖好后，旋紧拉杆上端的螺丝，将各个环刀在上、下夹板间夹紧。

（2）将装好试样的饱和器放入真空缸内，真空缸和盖之间涂一薄层凡士林（防止漏气），盖紧。将真空缸与抽气机接通，启动抽气机。当真空压力表读数接近当地 1 个大气负压力值后继续抽气时间不少于 1 h（粉质土时间不少于 0.5 h）后，微开管夹，使清水徐徐注入真空缸。在注水过程中，真空压力表读数要基本保持不变。

（3）待水淹没饱和器后即停止抽气。开管夹使空气进入真空缸，静置一段时间,细粒土宜为 10 h,借大气压力使试样充分饱和。

（4）打开真空缸，从饱和器内取出带环刀的试样，称环刀和试样总质量，并按式（3.3）计算饱和度。当饱和度低于 95%时，应继续抽气饱和。

3.2.4 试样的饱和度

试样的饱和度应按式（3.3）计算：

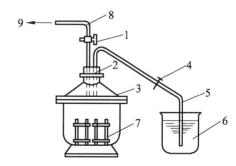

1—二通阀；2—橡皮塞；3—真空缸；4—管夹；
5—引水管；6—水缸；7—饱和器；
8—排气管；9—接抽气机

图 3.5 真空饱和装置

$$S_r = \frac{(\rho_{sr} - \rho_d)G_s}{\rho_d \cdot e}$$

（3.3a）

或

$$S_r = \frac{w_{sr}G_s}{e}$$

（3.3b）

式中　S_r ——试样的饱和度，%；

w_{sr} ——试样饱和后的含水率，%；

ρ_{sr} ——试样饱和后的密度，g/cm³；

ρ_d ——试样的干密度，g/cm³；

G_s ——土粒比重；

e ——试样的孔隙比。

第 4 章　土的物理性质实验

4.1　密度实验

土的密度即单位体积土的质量，以 g/cm³ 计。

密度是土的三相比例指标中可由实验直接测定的指标之一，是地基承载力、地基变形、土压力及土坡稳定性等的计算参数。

密度测定的方法有多种，如环刀法、蜡封法、现场坑测法等，各方法可根据土的性质和实验条件选用。下面介绍的环刀法是利用容积已知的环刀（图 4.1）切土，使土充满其中，根据环刀内土的质量和环刀容积求得土的密度。这是室内实验常用的方法，适用于易切削而不易破碎的土。下面分述环刀法的仪器设备、操作步骤和计算工作。

图 4.1　环刀

4.1.1　仪器设备

（1）环刀：内径 61.8 mm 或 79.8 mm，高 20 mm，如图 4.1 所示。

（2）天平：称量 200 g，最小分度值 0.01 g。

（3）其他：削土刀、凡士林等。

4.1.2　操作步骤

（1）擦净环刀，称环刀质量，在其内壁上均匀涂一薄层凡士林。

（2）取略大于环刀的土样一块，两端用削土刀稍加整平，平放于实验台上。

（3）将环刀刃口向下放在土样上，然后垂直下压环刀，边压边切削直至环刀全部压入土中且土样伸出环刀顶面为止。注意：下压环刀时不允许其倾斜，避免人为造成环刀内壁与土样之间缝隙。

（4）用削土刀自环刀边缘开始，细心削去两端余土，使土样顶面和底面分别与环刀顶面和底面齐平。削平时不得在土样表面反复压抹。

（5）擦净环刀外壁，称环刀加土的总质量，准确至 0.01 g。

4.1.3 计　算

按式（4.1）计算土的密度：

$$\rho = \frac{m_1 - m_0}{V}$$

（4.1）

式中　ρ ——土的密度，g/cm³，准确至 0.01 g/cm³；

m_1 ——环刀加土质量，g；

m_0 ——环刀质量，g；

V ——环刀容积，cm³。

4.2 含水率实验

土的含水率是土中水的质量与土粒质量之比，用百分数表示。含水率是可以由实验直接测定的另一个三相比例指标，它在评价黏性土或细粒土的物理状态和强度时有重要意义。

含水率的测定方法有烘干法、酒精燃烧法、炒干法、比重法等，可根据实验条件和土的性质选用。本实验采用烘干法，它是将土样放在 100 ℃~105 ℃ 的标准温度下烘至恒重，根据烘烤失去的水的质量和干土质量之比求得含水率的方法。

下面分述烘干法的仪器设备、操作步骤和计算工作。

4.2.1 仪　器　设　备

（1）烘箱：0 ℃~200 ℃，可保持恒温。

（2）天平：称量 200 g，最小分度值 0.01 g。

（3）其他：干燥器、称量盒（图 4.2）等。

图 4.2　称量用铝盒

4.2.2 操作步骤

（1）取称量盒2个，将其里外擦净，检查底、盖号码是否相符，并记下盒号。

（2）在每个称量盒内放入土样15 g～30 g，立即加盖，然后分别称取其质量。

（3）将盒盖取下扣在盒底，放入方盘内，置于烘箱中，在105 ℃～110 ℃下烘至恒重。通常，烘干时间对砂类土约需6 h以上，对黏性土、粉土不少于8 h。

（4）将装有烘干土样的称量盒取出，立即加盖，放入干燥室内冷却至室温，然后称取称量盒加干土质量。

4.2.3 计算

（1）按式（4.2）计算含水率。

$$w = \frac{m_1 - m_2}{m_2 - m_0} \times 100\%$$ （4.2）

式中　w —— 含水率，%，准确至0.1%；

m_0 —— 称量盒质量，g；

m_1 —— 盒加湿土质量，g；

m_2 —— 盒加干土质量，g。

（2）若两次平行实验测得的含水率差值不超过2.0%，则取两个含水率的平均值为实验值，否则需重做。

4.3 土粒比重实验

土粒比重是土在105 ℃～110 ℃下烘干后，土中颗粒与同体积4 ℃纯水的质量比。同密度和含水率一样，土粒比重也是可由实验直接测定的三相比例指标之一，主要用于其他比例指标的换算。

土粒比重的测定方法有三种方法：蒸馏水煮沸法、蒸馏水抽气法和中性液体（煤油、苯等）抽气法。对不含或少含水溶盐、亲水胶体的土或有机质含量较多的土，可采用前两种方法；如果土中水溶盐、亲水胶体或有机质含量较多，则应采用第三种方法。土粒比重可用比重瓶（图4.3）测定。

本次实验采用比重瓶蒸馏水煮沸法，其实验原理、仪器设备、操作步骤和计算工作分述如下。

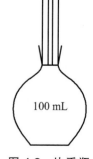

图4.3　比重瓶

4.3.1 实验原理

若土粒质量和体积分别为m_s和V_s，又以$\rho_{w4℃}$表示4 ℃时蒸馏水的密度，则土粒比重G_s为

$$G_s = \frac{m_s}{V_s \rho_{w4\,°C}}$$ （4.3）

因 $\rho_{w4\,°C} = 1\,g/cm^3$，由上式可知，对于质量为 m_s 的土粒，只要能测出其体积 V_s，就可以求得该土粒的比重 G_s。

土粒体积 V_s 用比重瓶测得。可以设想：将质量为 m_s 的土粒放入盛满蒸馏水的比重瓶内，必将使一部分蒸馏水排出瓶外。当瓶内水土的混合液不含气体时，排出的蒸馏水体积即为土粒体积 V_s。本法采用煮沸的方法排除水土混合液中的气体，故称为比重瓶蒸馏水煮沸法。

设当温度为 $t\,°C$ 时，比重瓶盛满蒸馏水的总质量（即瓶加水重）为 m_1，瓶内装入质量为 m_s 的土粒，加入半瓶蒸馏水煮沸排气后，加满蒸馏水后的总质量（即瓶加土加水重）为 m_2，蒸馏水密度为 $\rho_{wt\,°C}$，则有

$$V_s = \frac{m_1 + m_s - m_2}{\rho_{wt\,°C}}$$ （4.4）

将式（4.4）的 V_s 代入式（4.3），得土粒比重（土粒比重）G_s 为

$$G_s = \frac{m_s}{m_1 + m_s - m_2} \cdot \frac{\rho_{wt\,°C}}{\rho_{w4\,°C}}$$ （4.5）

准确至 0.01，此即本方法测定 G_s 所依据的关系式。

4.3.2　仪器设备

（1）比重瓶：容积 100 mL，瓶盖有一毛细管（图 4.3）。
（2）天平：称量 200 g，最小分度值 0.01 g。
（3）电炉：可调功率为 0 W ~ 600 W。
（4）温度计：0 °C ~ 50 °C。
（5）其他：烘箱、漏斗、滴瓶、牛角勺、蒸发皿等。

4.3.3　操作步骤

（1）称取 15 g 制备好的过 5 mm 筛的烘干土样，其质量为 m_s。用漏斗将土样装入洗净的比重瓶内，注意勿使土粒散落瓶外。
（2）灌蒸馏水至瓶的一半处，盖上瓶盖，摇动比重瓶，使水浸透土样。
（3）取下瓶盖，将瓶放在电炉上煮沸瓶内土液。沸腾后立即计时，并将电炉温度适当调低，以防土液溢出瓶外，但应使土液处于沸腾状态，并保持 10 min。
（4）从电炉上取下比重瓶，冷却至室温，然后往瓶内加蒸馏水至瓶口下 2 ~ 3 mm 处，轻轻盖上瓶盖（注意检查瓶盖与瓶身号码是否相同），使多余的水及气泡从瓶盖中间的毛细管中溢出。
（5）将瓶外擦干，称瓶加土加水质量 m_2，以 g 计。

（6）称取质量后，立即取下瓶盖，将温度计插入瓶内测出土液温度。测温时，温度计酒精（或水银）泡应插至瓶内土液中部。

4.3.4　计　算

按式（4.5）计算土粒比重 G_s。计算时，式中 m_1 和 $\rho_{wt\,{}^\circ C}$ 根据实测的土液温度由实验室提供的 m_1-t 曲线图和 $\rho_{wt\,{}^\circ C}$-t 数据表查得。

4.4　颗粒分析实验

颗粒分析实验的目的在于测定土的颗粒级配。工程中，颗粒级配是粗粒土分类及选择填料的重要依据。

实验时一般用筛分法分析粒径小于 60 mm 而大于 0.075 mm 的粗粒土，对于粒径小于 0.075 mm 的土粒则采用比重计法。

4.4.1　筛分法

1. 仪器设备

（1）标准筛：共 5 层筛，孔径分别为 2.0 mm、1.0 mm、0.5 mm、0.25 mm 和 0.075 mm，上有盖，下有底盘（图 4.4）。

图 4.4　标准筛

（2）天平：称量 200 g，最小分度值 0.01 g。

（3）台秤：称量 500 g，最小分度值 0.1 g。

（4）其他：称量盒、毛刷、牛角勺、铜丝刷等。

2. 操作步骤

（1）称风干或烘干的试样 200 g，将粒团碾散。

（2）按自上而下筛孔由大到小的顺序把筛重叠好，扣在底盘上；将试样倒入最上层筛内，盖上盖，摇振约 10 min。

（3）从最上层开始，依次将各层筛取下。每取下一层，在铺于桌面上的干净白纸上轻叩筛底，直至无土粒漏下为止。然后将漏下的土粒全部倒入下层筛内，最下层筛漏下的则倒入底盘内。

（4）分别将各层筛和底盘内的土粒全部倒出，并分别称重，准确至 0.01 g。称得的各部分土粒质量之和与试样原质量之差不得大于 1%，否则应重新实验。

3. 计算及绘图

（1）按式（4.6）计算小于某粒径的土粒质量占全部土粒质量的百分数 p：

$$p = \frac{m_d}{m_s} \times 100\% \text{（精确至 0.01\%）} \tag{4.6}$$

式中　m_d ——小于粒径 d 的土粒质量，g；

　　　m_s ——土粒总质量，g。

（2）以 p 为纵坐标，以粒径 d 为横坐标，在半对数纸上绘制曲线，得试样的粒径分布曲线（或颗粒级配曲线）。

4.4.2　比重计法

1. 实验原理

不同大小的土粒在水中下沉的速度是不同的。假定土粒为圆球形，其直径为 d，当其在水中经时间 t 下沉深度为 L 时，根据斯笃克定律，d 和 t、η 之间有如下关系：

$$d = \sqrt{\frac{1\,800 \times 10^4 \eta L}{(G_s - G_{wT})\rho_{w4^\circ C} g t}} = K \sqrt{\frac{L}{t}} \tag{4.7}$$

式中　d ——d 以 mm 计，计算至 0.001 L 以 cm 计；

　　　η ——水的动力黏滞系数，10^{-6} kPa·s；

　　　$\rho_{w4^\circ C}$ ——4 ℃ 时水的密度，g/cm³；

　　　G_{wT} ——T ℃ 时水的比重；

　　　L ——某一时间 t 内土粒的沉降距离，cm；

　　　g ——重力加速度，cm/s²；

　　　t ——沉降时间，以 s 计；

　　　K ——系数。

$$K = \sqrt{\frac{1800 \times 10^4 \eta}{(G_s - G_{wT})\rho_{w4^\circ C} g}} \tag{4.8}$$

在大小土粒分布均匀的悬液内，当土粒开始下沉经过时间 t 后，悬液中深度 L 以上已无粒径大于 d 的颗粒，且在 L 深处粒径小于 d 的颗粒数量不变。因从上面下沉至该处的数量与从该处沉下去的数量相等，故该处的密度即为整个悬液中所含等于和小于粒径 d 的颗粒密度。因此，若在土粒开始下沉后 t 时刻放入一比重计，测得比重计浮泡中心处悬液的比重 G_L 和浮泡中心至液面的距离 L，则可将 L 和 t 代入式（4.7）求得 d，并可通过计算，利用 G_L 及其他有关的已知量，求得粒径小于 d 的土粒质量占全部土粒质量的百分数 p。

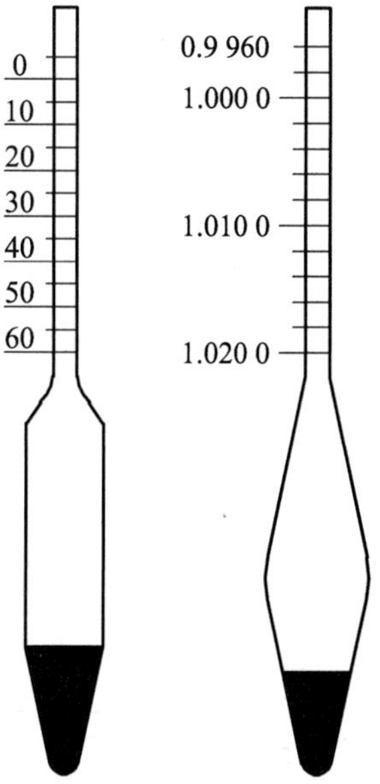

2．仪器设备

（1）比重计：分为甲种及乙种（图 4.5）。（注：甲种比重计刻度值代表在 20 ℃ 时 1 000 mL 悬液中所含的干土质量。乙种比重计刻度值代表在 20 ℃ 时的悬液比重。）

（2）量筒：1 000 mL 两只，高约 45 cm，直径 5 cm ~ 6 cm。

（3）其他：天平、温度计、搅拌器、电炉、三角烧瓶、秒表等。

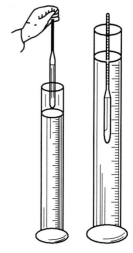

图 4.5　甲种及乙种比重计

3．操作步骤

（1）用蒸发皿称取粒径小于 0.075 mm 的烘干土 30 g。

（2）将土样全部倒入三角烧瓶中，注入约 200 mL 蒸馏水。稍加摇荡后，用带玻璃管的橡皮塞塞紧瓶口，放在电炉上煮沸。自沸腾时间起约煮 1 h，以使土粒充分分散。土液沸腾后即将电炉调至低温（保持沸腾）。

（3）将三角烧瓶从电炉上取下，冷却至室温。取一容积为 1 000 mL 的量筒，用蒸馏水将烧瓶中的土液冲洗入量筒内，同时加入 4%浓度的六偏磷酸钠溶液 10 mL（或氨水 1 mL），并使量筒内悬液恰好为 1 000 mL（以弯液面下缘为准）。

（4）用搅拌器在量筒内沿整个悬液深度上下搅拌约 1 min，往复各约 30 次，使悬液内的土粒分布均匀。搅拌时勿使悬液溅出筒外。

（5）取出搅拌器，同时秒表开始计时，用与量筒号相匹配的比重计测定经 1 min、5 min、15 min、30 min、60 min、90 min、120 min 和 1 440 min 时的比重计读数。

读数时应注意：

每次读数均应在预定时间前 20 s ~ 30 s 将比重计小心放入悬液内，并让其接近于某读数的深度处，以减少比重计上下移动的时间。同时须注意比重计浮泡应保持在量筒中部位置，不得贴近筒壁（图 4.6）。

比重计读数以弯液面上缘为准，甲种比重计准确至 1，估读至 0.5；乙种比重计应准确至 0.001，估读至 0.000 2。每次读数完毕立即取出比重计放入盛有清水的量筒中，并测定各相应读数时的悬液温度，准确至 0.5 ℃。放入或取出比重计时应尽量减少悬液的扰动。

4．计算及绘图

（1）用斯笃克列线图（图 4.7）计算颗粒粒径 d。

图 4.6　比重计沉入及位置示意图

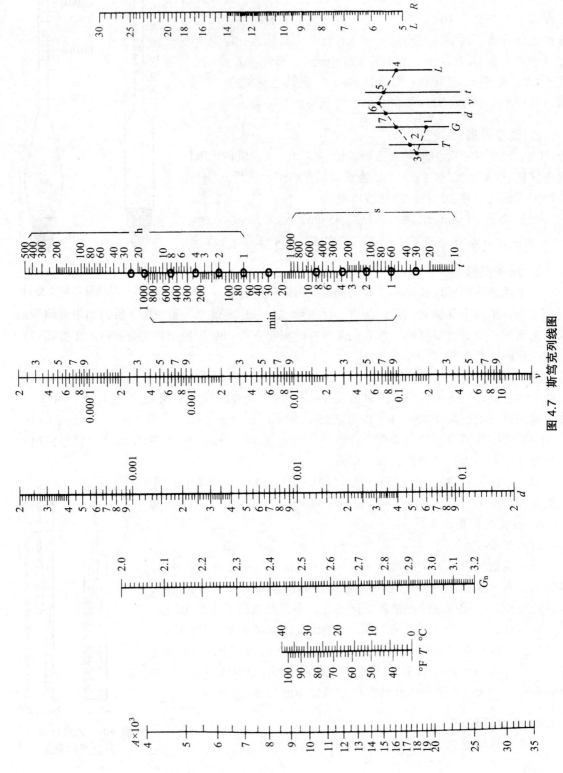

图 4.7　斯笃克列线图

22

图 4.7 中　L——某一时间内的土粒沉降距离，以 cm 计，用某时刻所测得的比重计读数加上该比重计的弯液面校正值后（目前造的比重计此校正值大部分为 0），在对应的沉降距离校正曲线上查得 L 值；

t——每次读数所对应的时间，s；

G_s——土样的土粒比重；

T——每次读数时的悬液温度，℃。

颗粒粒径 d 也可用式（4.7）计算，式中 K 可根据悬液温度和土粒比重从表 4.1 查得。

表 4.1　粒径计算系数 K 值

温度 （℃）	土粒比重								
	2.45	2.50	2.55	2.60	2.65	2.70	2.75	2.80	2.85
5	0.138 5	0.136 0	0.133 9	0.131 8	0.129 8	0.127 9	0.126 1	0.124 3	0.122 6
6	0.136 5	0.134 2	0.132 0	0.129 9	0.128 0	0.126 1	0.124 3	0.122 5	0.120 8
7	0.134 4	0.132 1	0.130 0	0.128 0	0.126 0	0.124 1	0.122 4	0.120 6	0.118 9
8	0.132 4	0.130 2	0.128 1	0.126 0	0.124 1	0.122 3	0.120 5	0.118 8	0.118 2
9	0.130 5	0.128 3	0.126 2	0.124 2	0.122 4	0.120 5	0.118 7	0.117 1	0.116 4
10	0.128 8	0.126 7	0.124 7	0.122 7	0.120 8	0.118 9	0.117 3	0.115 6	0.114 1
11	0.127 0	0.124 9	0.122 9	0.120 9	0.119 0	0.117 3	0.115 6	0.114 0	0.112 4
12	0.125 3	0.123 2	0.121 2	0.119 3	0.117 5	0.115 7	0.114 0	0.112 4	0.110 9
13	0.123 5	0.121 4	0.119 5	0.117 5	0.115 8	0.114 1	0.112 4	0.110 9	0.109 4
14	0.122 1	0.120 0	0.118 0	0.116 2	0.114 9	0.112 7	0.111 1	0.109 5	0.108 0
15	0.120 5	0.118 4	0.116 5	0.114 8	0.113 0	0.111 3	0.109 6	0.108 1	0.106 7
16	0.118 9	0.116 9	0.115 0	0.113 2	0.111 5	0.109 8	0.108 3	0.106 7	0.105 3
17	0.117 3	0.115 4	0.113 5	0.111 8	0.110 0	0.108 5	0.106 9	0.104 7	0.103 9
18	0.115 9	0.114 0	0.112 1	0.110 3	0.118 6	0.107 1	0.105 5	0.104 0	0.102 6
19	0.114 5	0.112 5	0.110 8	0.109 0	0.107 3	0.105 8	0.103 1	0.108 8	0.101 4
20	0.113 0	0.111 1	0.109 3	0.107 5	0.105 9	0.104 3	0.102 9	0.101 4	0.100 0
21	0.111 8	0.109 9	0.108 1	0.106 4	0.104 3	0.103 3	0.101 8	0.100 3	0.990
22	0.110 3	0.108 5	0.106 7	0.105 0	0.103 5	0.101 9	0.100 4	0.099 0	0.976 7
23	0.109 1	0.107 2	0.105 5	0.103 8	0.102 1	0.100 7	0.099 30	0.097 93	0.965 9
24	0.107 8	0.106 1	0.104 4	0.102 8	0.101 2	0.099 70	0.098 23	0.096 00	0.955 5
25	0.106 5	0.104 7	0.103 1	0.101 4	0.099 90	0.098 39	0.097 01	0.095 66	0.094 34
26	0.105 4	0.103 5	0.101 9	0.100 3	0.098 79	0.097 31	0.095 92	0.094 55	0.093 27
27	0.104 1	0.102 4	0.100 7	0.099 15	0.097 67	0.096 23	0.094 82	0.093 50	0.092 25
28	0.103 2	0.101 4	0.997 5	0.099 18	0.967 0	0.095 29	0.093 91	0.092 57	0.091 32
29	0.101 9	0.100 2	0.985 9	0.097 06	0.095 55	0.094 13	0.092 79	0.091 44	0.090 28
30	0.100 8	0.099 1	0.975 2	0.959 7	0.094 5	0.093 11	0.091 76	0.090 50	0.089 27

（2）将每一原读数经刻度及弯液面校正、温度校正、分散剂校正后，按下列公式计算 p。

当用甲种比重计时：

$$p = \frac{100}{m_s} C_s (R + m + n - C_D) \quad (4.9)$$

当用乙种比重计时：

$$p = \frac{100V}{m_s} C_s' [(R' - 1) + m' + n' - C_D'] \rho_{w20\,°C} \quad (4.10)$$

式中　V ——悬液体积（1 000 mL）；

m_s ——试样干土质量，g；

m，m' ——甲、乙温度校正值，查表 4.2；

n，n' ——甲、乙刻度及弯液面校正值（目前造的大多数比重计此校正值为 0）；

C_D ——分散剂校正值；

R，R' ——甲、乙比重计读数；

C_s，C_s' ——土粒比重校正值，查表 4.3。

表 4.2　温度校正值表

悬液温度（°C）	甲种比重计温度校正值	乙种比重计温度校正值	悬液温度（°C）	甲种比重计温度校正值	乙种比重计温度校正值
10.0	− 2.0	− 0.001 2	20.5	+ 0.1	+ 0.000 1
10.5	− 1.9	− 0.001 2	21.0	+ 0.3	+ 0.000 2
11.0	− 1.9	− 0.001 2	21.5	+ 0.5	+ 0.000 3
11.5	− 1.8	− 0.001 1	22.0	+ 0.6	+ 0.000 4
12.0	− 1.8	− 0.001 1	22.5	+ 0.8	+ 0.000 5
12.5	− 1.7	− 0.001 0	23.0	+ 0.9	+ 0.000 6
13.0	− 1.6	− 0.001 0	23.5	+ 1.1	+ 0.000 7
13.5	− 1.5	− 0.000 9	24.0	+ 1.3	+ 0.000 8
14.0	− 1.4	− 0.000 9	24.5	+ 1.5	+ 0.000 9
14.5	− 1.3	− 0.000 8	25.0	+ 1.7	+ 0.001 0
15.0	− 1.2	− 0.000 8	25.5	+ 1.9	+ 0.001 1
15.5	− 1.1	− 0.000 7	26.0	+ 2.1	+ 0.001 3
16.0	− 1.0	− 0.000 6	26.5	+ 2.2	+ 0.001 4
16.5	− 0.9	− 0.000 6	27.0	+ 2.5	+ 0.001 5
17.0	− 0.8	− 0.000 5	27.5	+ 2.6	+ 0.001 6
17.5	− 0.7	− 0.000 4	28.0	+ 2.9	+ 0.001 8
18.0	− 0.5	− 0.000 3	28.5	+ 3.1	+ 0.001 9
18.5	− 0.4	− 0.000 3	29.0	+ 3.3	+ 0.002 1
19.0	− 0.3	− 0.000 2	29.5	+ 3.5	+ 0.002 2
19.5	− 0.1	− 0.000 1	30.0	+ 3.7	+ 0.002 3
20.0	− 0.0	− 0.000 0			

表 4.3　土粒比重校正值表

土粒比重	比重校正值		土粒比重	比重校正值	
	甲种比重计	乙种比重计		甲种比重计	乙种比重计
2.50	1.038	1.666	2.70	0.989	1.588
2.52	1.032	1.658	2.72	0.985	1.581
2.54	1.027	1.649	2.74	0.981	1.575
2.56	1.022	1.641	2.76	0.977	1.568
2.58	1.017	1.632	2.78	0.973	1.562
2.60	1.012	1.625	2.80	0.969	1.556
2.62	1.007	1.617	2.82	0.965	1.549
2.64	1.002	1.609	2.84	0.961	1.543
2.66	0.998	1.603	2.86	0.958	1.538
2.68	0.993	1.595	2.88	0.954	1.532

（3）以 p 为纵坐标，d（mm）为横坐标，在对数坐标上绘颗粒级配曲线。

（4）计算级配指标。

计算不均匀系数：

$$C_u = d_{60}/d_{10} \tag{4.11}$$

计算曲率系数（或称级配系数）：

$$C_c = \frac{d_{30}^2}{d_{10}d_{60}} \tag{4.12}$$

式中　d_{10}，d_{30}，d_{60}——对应于累计百分含量为 10%、30% 和 60% 的粒径；

　　　　d_{10}——有效粒径；

　　　　d_{60}——限制粒径。

不均匀系数 C_u 反映大小不同粒组的分布范围。C_u 越大，表示土粒的大小分布范围越大。曲率系数 C_c 则反映粒组含量的多少。

通常，同时满足 $C_u \geq 5$ 和 $C_c = 1 \sim 3$ 这两个条件时，土为级配良好的土；否则，为级配不良的土。

5. 比重计各项校正的说明

（1）土粒沉降距离校正——因比重计读数除表示悬液比重外，同时也由悬液面至比重计浮泡体积中心的距离表示土粒沉降距离。当比重计放入悬液后，液面因之升高，致使土粒沉降距离较实际为大，故须加以校正。

（2）刻度及弯液面校正——比重计制造时，刻度往往不准确，因此使用前须进行校正（目前造的比重计大多数此校正值为 0）。

（3）温度校正 ——比重计的标准测试温度是 20 ℃，若实验时温度不等于 20 ℃，则水的密度及浮泡的胀缩会影响比重计的正确读数，故须加以校正。

（4）土粒比重校正 ——比重计刻度假定悬液内的土粒比重为 2.65，而实际实验时土粒比重与此有差异，故需校正。

（5）分散剂校正 ——比重计刻度是以蒸馏水为准的，当悬液中加入分散剂时，比重增大，故也需校正。

以上各项校正工作中，（1）、（2）、（5）项通常由实验室预先校好，可根据比重计号及读数由所制图表中查得。（3）、（4）项根据实测温度及土粒实际比重查表 4.2、4.3 求得。

4.5　相对密实度实验

4.5.1　概　述

砂土的密实程度对其力学性质有很大影响。密实的砂结构稳定、压缩性小，具有较大的强度，是良好的天然地基。疏松的砂，尤其是饱和的细颗粒砂，结构常处于不稳定状态，为不良地基。

确定砂土密实状态的方法有多种，用孔隙比大小作为判断的指标是最简便的方法。

但根据孔隙比 e 评定密实度是有缺点的，因为它没有考虑到级配的因素。即同样密实的砂土，在颗粒均匀时 e 值较大；而当颗粒大小混杂（级配良好）时，e 值就小。为此，引入相对密实度的概念。

当砂土样以最疏松状态制备时，其孔隙比达最大值 e_{max}；当砂土样受振或捣实时，砂粒相互靠拢压紧，孔隙比达最小值 e_{min}。若砂土在天然状态的孔隙比为 e，则砂土在天然状态的紧密程度，可用相对密实度 D_r 表示为

$$D_r = \frac{e_{max} - e}{e_{max} - e_{min}} \qquad （4.13）$$

D_r 一般用小数或百分比表示。当 $D_r = 0$，即 $e = e_{max}$ 时，表示砂土处于最疏松状态；当 $D = 1.0$，即 $e = e_{min}$ 时，表示砂土处于最紧密状态。

砂土最小干密度（最大孔隙比）采用漏斗法和量筒法测定，最大干密度（最小孔隙比）用振动锤击法测定。本方法适用于颗粒直径小于 5 mm 且能自由排水的砂砾土。

4.5.2　仪器设备

试验所需相对密度实验仪器如图 4.8 所示。包括：

（1）量筒：容积有 500 mL 及 1 000 mL 两种，后者内径

图 4.8　相对密实度实验仪器

应大于 60 mm。

（2）长颈漏斗：颈管内径约 1.2 cm，颈口应磨平。

（3）锥形塞：直径约 1.5 cm 的圆锥体焊接在铁杆上。

（4）砂面拂平器：十字形金属平面焊接在铜杆下端。

（5）电动最小孔隙比仪，如无此种仪器，可用下列（6）~（8）的设备。

（6）金属容器，有以下两种：

容积 250 mL，内径 5 cm，高度 12.7 cm。

容积 1 000 mL，内径 10 cm，高度 12.7 cm。

（7）振动叉。

（8）击锤：锤重 1.25 kg，落高 15 cm，锤座直径 50 mm。

4.5.3 实验步骤

1. 最大孔隙比（最小干密度）的测定

（1）取代表性试样约 1.5 kg，充分风干（或烘干）后，用手搓揉或用圆木棍在橡皮板上碾散，并拌和均匀。

（2）将锥形塞杆自漏斗下口穿入，并向上提起，使锥底堵住漏斗管口，一并放入体积1 000 mL 量筒中，使其下端与量筒底相接。

（3）称取试样 700 g，准确至 1 g，均匀倒入漏斗中，将漏斗与塞杆同时提高。移动塞杆使锥体略离开管口。管口应经常保持高出砂面 1 cm ~ 2 cm，使试样缓慢且均匀分布地落入量筒中。

（4）试样全部落入量筒后取出漏斗与锥形塞，用砂面拂平器拂平表面，勿使量筒振动。然后测读砂样体积，估读至 5 mL。

（5）以手掌或橡皮塞堵住量筒口，将量筒倒转，缓慢地转动量筒内的试样，并回到原来位置。如此重复几次，记下体积的最大值，估读至 5 mL。

（6）取上述两种方法测得的较大体积值，计算最大孔隙比（最小干密度）。

2. 最小孔隙比（最大干密度）的测定

（1）取代表性试样约 4 kg，按最大孔隙比测定的步骤处理。

（2）分 3 次倒入容器进行振击，先取上述试样 600 g ~ 800 g（其数量应使振击后的体积略大于容器容积的 1/3）倒入 1 000 mL 容器内，用振动仪以 150 次/min ~ 200 次/min 的速度敲打容器两侧；并在同一时间内，用击锤于试样表面锤击，速度为 30 次/min ~ 60 次/min，直至砂样体积不变为止（一般需 5 min ~ 10 min）。敲打时要用足够的力量，使试样处于振动状态。振击时，粗砂可用较少击数，细砂应用较多击数。

（3）如用电动最小孔隙比试验仪，则当试样同上法装入容器后，开动电机，进行振击实验。

（4）第二、三层采用同样的方法，第三层加试样时应先在容器口上安装套环。

（5）上述工作完成后，取下套环，用削土刀齐容器顶面削去多余试样，称量，准确至 1 g。

（6）计算其最小孔隙比（最大干密度）。

4.5.4 结果整理

（1）按下列公式计算最小与最大干密度。

$$\rho_{d\min} = \frac{m_d}{V_{\max}} \tag{4.14}$$

$$\rho_{d\max} = \frac{m_d}{V_{\min}} \tag{4.15}$$

式中　$\rho_{d\min}$ ——最小干密度，g/cm^3；

　　　$\rho_{d\max}$ ——最大干密度，g/cm^3；

　　　m_d ——干试样的质量，g；

　　　$V_{\max}$ ——试样最大体积，cm^3；

　　　$V_{\min}$ ——试样最小体积，cm^3。

计算精确至 $0.01 \, g/cm^3$。

（2）按下列公式计算最大与最小孔隙比。

$$e_{\max} = \frac{\rho_w G_s}{\rho_{d\min}} - 1 \tag{4.16}$$

$$e_{\min} = \frac{\rho_w G_s}{\rho_{d\max}} - 1 \tag{4.17}$$

式中　$e_{\max}$ ——最大孔隙比；

　　　$e_{\min}$ ——最小孔隙比；

　　　ρ_w ——水的密度，g/cm^3；

　　　G_s ——土粒比重。

（3）计算相对密实度 D_r。

$$D_r = \frac{e_{\max} - e}{e_{\max} - e_{\min}} \tag{4.18}$$

或
$$D_r = \frac{\rho_{d\max}(\rho_d - \rho_{d\min})}{\rho_d(\rho_{d\max} - \rho_{d\min})} \tag{4.19}$$

式中　ρ_d ——天然干密度或要求的干密度，g/cm^3。

4.5.5 精密度和允许误差

最小与最大干密度，均须进行两次平行测定，取其算术平均值，其平行误差值不得超过 $0.03 \, g/cm^3$。

28

第 5 章 土的力学性质实验

5.1 固结实验

本实验是在无侧向膨胀的条件下测试土的压缩性。实验时，在土样上分级施加垂直压力，每级压力加上后测记土样在不同时间的压缩变形量，直至压缩变形按一定标准达到稳定为止，然后施加下一级压力。通过试验可得到：

（1）压力及其相应的孔隙比 e_i，据此绘制土的压缩曲线，进而求得土的压缩系数 a 和压缩模量 E_s。

（2）一定压力下土样压缩变形 S 随时间 t 的变化过程，用以研究压缩变形随时间的变化规律。

5.1.1 仪器设备

（1）固结仪：图 5.1 所示为 WG-3 型轻便固结仪。其固结容器的构造如图 5.2 所示。该容器可测高 2 cm、面积为 30 cm² 或 50 cm² 的两种试样，学生实验一般采用的土样面积为 30 cm²。压力通过杠杆施加，杠杆比为 1∶20。

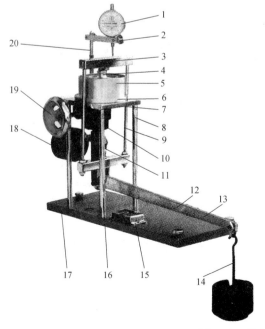

1—百分表；2—表夹；3—横梁；
4—钢珠；5—传压板；6—容器；
7—容器底板；8—立柱；9—拉杆；
10—牙箱；11—升降杆；12—长水泡；
13—杠杆；14—砝码吊钩；
15—平衡锤固定夹；16—圆水泡座；
17—底板；18—平衡锤；
19—手轮；20—表夹杆

图 5.1 轻便固结仪

（2）天平：称量 200 g，最小分度值 0.01 g。

（3）百分表：量程 10 mm 最小分度值 0.01 mm。

（4）其他：秒表、削土刀、凡士林等。

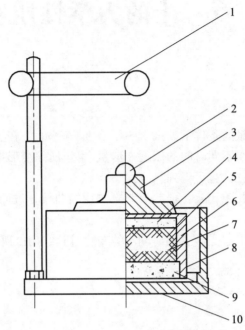

1—表夹；2—钢珠；3—加压上盖；4—透水板；5—导环；6—环刀；7—试样；
8—护环；9—大透水板；10—容器

图 5.2　固结容器示意图

5.1.2　操作步骤

（1）取土样一块，用压缩仪的环刀，称环刀质量 m_0，以 g 计。按密度实验方法用压缩仪环刀切取试样。

（2）擦净环刀外壁，称环刀加土质量 m_1，以 g 计。

（3）擦净并浸湿一大一小两块透水石，将护环装入压缩容器后，把较大的一块透水石放置在护环内；再将切取好土样的环刀刃口向下装入护环内；把导环置于环刀上缘，然后在土样上依次放置较小一块透水石和加压盖板；再将钢珠置于盖板顶的凹坑内，将压缩容器置于加压框架下。

（4）调整压缩仪底座，使其上的圆水泡居中；逆时针旋转手轮，使升降杆上升至顶点，再顺时针旋转手轮 3～5 转。

（5）加预压力 1 kPa（0.01 kg/cm²），使土样上各传力部件相互接触，然后旋转手轮调平杠杆。每台仪器备有一小砝码，重 0.015 kg，加上后土样所受压力即为 1 kPa。

（6）在表夹上安装百分表，调节其量程不小于 6 mm，记下初读数（可先压缩表轴，使短针指向 6，同时拧紧表夹，再旋转表盘，使刻度 0 对准长针，此初读数为 6.000 mm）。

（7）卸下预压力，随即加第 1 级荷载并开始计时，按规定的时间测记土样的压缩变形。

以 5 级加载为例，各级的加载量、总荷载以及相应的压力如表 5.1 所列。

表 5.1　各级的加载量、总荷载以及相应的压力

级　　数		1	2	3	4	5
每级加载量	kg	0.75	0.75	1.5	1.5	1.5
总荷载	kg	0.75	1.5	3.0	4.5	6.0
土样所受压力	kPa	50	100	200	300	400
	kg/cm²	0.5	1.0	2.0	3.0	4.0

当受时间限制，学生实验不按标准使压缩变形达到稳定时，可按下述规定测记各级荷载的压缩变形：

压力为 50 kPa、100 kPa、200 kPa 和 300 kPa 时，测记时刻为分别加载后 4 min、6 min、10 min 和 16 min（表明随压力的增大，稳定时间增长）；

压力为 400 kPa 时，测记加载后 0.25 min、1 min、2 min、4 min、6 min、10 min、12 min、16 min、22 min 的压缩变形。

注意：加载时应将砝码交叉轻轻放在砝码盘上，不得冲击和摇晃；实验结束前，已加的砝码不得取下；每级荷载加上后，及时顺时针转动手轮，使杠杆保持水平。在此过程中不得逆时针旋转手轮。

（8）实验完成后，卸下荷载，取出土样。

5.1.3　计算及绘图

（1）计算各级压力下土样的总压缩变形量 S_i（mm）。

（2）按式（5.1）计算土样的颗粒高度 h_s（cm）：

$$h_s = \frac{m_s}{\rho_s A} \quad （\text{cm，准确至 0.01 cm}）\tag{5.1}$$

式中　ρ_s ——土粒密度，g/cm³。

　　　A ——土样面积（环刀面积），cm²。

　　　m_s ——土样的颗粒（或干土）质量，以 g 计，按式（5.2）计算。

$$m_s = \frac{m_1 - m_0}{1 + w}\tag{5.2}$$

其中　m_1 ——环刀加湿土质量，g；

　　　m_0 ——环刀质量，g；

　　　w ——土样的原始含水率，取含水率实验的实测值，%。

（3）按式（5.3）计算压力第 i 级加载时土样的孔隙比 e_i：

$$e_i = \frac{h - h_s - \dfrac{S_i}{10}}{h_s}\tag{5.3}$$

式中　h——土样原高（环刀高），学生实验 $h = 2$ cm。

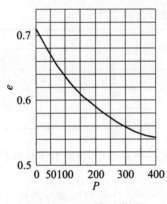 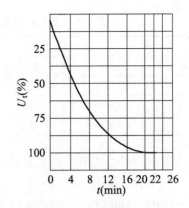

图 5.3　e-P 关系曲线　　　　　　图 5.4　U_t-t 关系曲线

（4）以压力 p 为横坐标，孔隙比 e 为纵坐标绘制压缩曲线（图 5.3）。

（5）计算压力从 $p_1 = 100$ kPa 增至 $p_2 = 200$ kPa 时的压缩系数 a_{1-2}(kPa^{-1}) 和压缩模量 $E_{s(1-2)}$(kPa)：

$$a_{1-2} = \frac{e_1 - e_2}{p_2 - p_1} \tag{5.4}$$

$$E_{s(1-2)} = \frac{1 + e_1}{a_{1-2}} \tag{5.5}$$

（6）计算 t 时刻时土样的平均固结度 U_t，准确至 0.1%。以压力为 400 kPa 时为例，有

$$U_t = \frac{\Delta N_t}{N_4} \times 100\% \tag{5.6}$$

式中　ΔN_t——400 kPa 作用下每个 t 时刻土样的压缩变形增量；

　　　N_4——400 kPa 作用下土样的压缩变形增量。

（7）以固结度 U_t（%）为纵坐标，时间 t（min）为横坐标，绘制 U_t-t 关系曲线（图 5.4）。

5.2　直接剪切实验

直接剪切实验用于研究土的抗剪强度，测定土的抗剪强度参数内摩擦角 φ 和黏聚力 c。所用仪器为直剪仪，该仪器有应变控制式和应力控制式两种。图 5.5 所示为应变控制式直剪仪的主要部分。实验时通过杠杆对土样施加法向荷载，利用传动系统等速推动下盒，使土样沿上下盒分界面等速相对错动而受剪，剪应力大小通过量力环量测。

试验时一般取土样 3 个～4 个，按同样的方法分别在不同的法向应力 p 下剪切至破坏，测出各土样破坏时的剪应力即得 τ，利用各组 τ、p 绘制抗剪强度线，并确定土样的 φ 和 c。

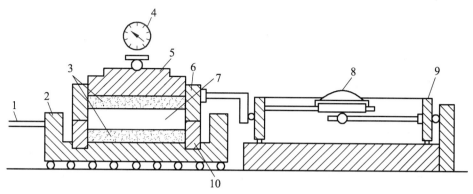

1—轮轴；2—底座；3—透水石；4—垂直变形量表；5—活塞；6—上盒；
7—土样；8—水平位移量表；9—量力环；10—下盒

图 5.5　应变控制式直剪仪

学生实验采用应变控制式直剪仪，测定干砂的 φ 角。

5.2.1　仪器设备

（1）应变控制式直剪仪：杠杆比为 1：12，土样面积为 30 cm²。

（2）天平：称量 200 g，最小分度值 0.01 g。

（3）其他：百分表、称量盒、圆木块、毛刷、牛角勺等。

5.2.2　操作步骤

以砂类土为例，其操作步骤如下：

（1）用称量盒称取干砂样 100 g。

（2）在盒内放一块透水石，用插销将上下盒固定。

（3）将砂样徐徐倒入剪切盒内，拂平表面，把圆木块插入盒内，边转边轻轻下压，直至木块上的画线与上盒顶面齐平为止，以使砂样达到预定的密实度。

（4）取出圆木块，在砂样上放一块透水石，将加压盖板置于透水石上，然后安装加压框架，并注意使加压框架与杠杆之间的刀口对准。

（5）施加法向荷载。

例如，取 3 个土样，法向应力分别定为 100 kPa、200 kPa、300 kPa。所用仪器按土样面积和杠杆比换算，秤盘、加力框架、杠杆总和相当于垂直荷重 50 kPa，则应加砝码使垂直荷重分别达 100 kPa、200 kPa 和 300 kPa。

（6）徐徐转动手轮，并注意观察量力环内百分表的长针。当其开始微动时，表示上盒与量力环之间的着力点已接触，随即停止转动手轮，将百分表的长针调整到零位，作为初读数 R_0，以 0.01 mm 计。

（7）拔出上下盒的固定插销，以 4 转/min 的速度匀速转动手轮，同时注意观察量力环内百分表的长针。当其来回摆动，读数不再增大时，表明土样已被剪坏。随即测记此时该百分

表的最大读数 R_1，以 0.01 mm 计。

（8）卸下全部荷载，把上下剪切盒同时取下，将砂样全部倒入称量盒中。

（9）利用和原砂样同样的方法，按前述改变法向应力再实验两次，连同第一次实验结果，可分别求得 100 kPa、200 kPa 和 300 kPa 这 3 种法向应力下砂样被剪坏时量力环的变形。

5.2.3 计算及绘图

（1）计算各次实验砂样被剪坏时量力环的变形 R（0.01 mm）。

$$R = R_1 - R_0 \tag{5.7}$$

（2）计算各次实验砂样的抗剪强度 τ（kPa）。

$$\tau = K \cdot R \tag{5.8}$$

式中 K——量力环率定系数，以 kPa/0.01 mm 计，由实验室提供。

（3）以 τ 为纵坐标，p 为横坐标，且纵横坐标采用相同的比例尺（图 5.6），绘制抗剪强度线，求出砂样的内摩擦角。

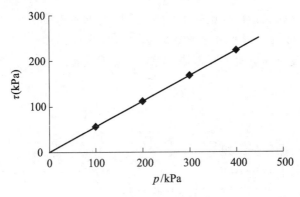

图 5.6 土的抗剪强度线

5.3 静力三轴压缩实验

本实验所用的仪器为静力三轴仪，该仪器具有多种功能，常用于测定土的抗剪强度参数内摩擦角 φ 和黏聚力 c。如果实验方法恰当，一般能取得较为符合实际的结果。常规静力三轴仪有应变控制式和应力控制式两种。图 5.7 所示为应变控制式静力三轴仪，主要包括以下几部分：实验机、测力环、压力室、三轴测控仪和测控柜等。图 5.8 所示为应变控制式静力三轴剪切仪的构造。

实验用土样为圆柱形，将其置于压力室内，用橡皮膜密封。一般先对土样施加周围压力（即小主应力）σ_3，在其保持不变的情况下施加轴向压力 q，则轴向总压力（即大主应力）为

$\sigma_1 = \sigma_3 + q$。于是随着偏应力 $q = \sigma_1 - \sigma_3$ 的逐渐增大 q，土样最终将被剪坏。

图 5.7 三轴仪全貌

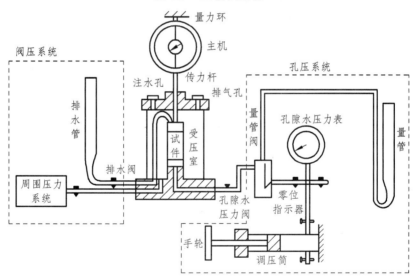

图 5.8 应变控制式静力三轴剪切仪构造图

设土样破坏时的 σ_1、σ_3 和 q 分别为 σ_{1f}、σ_{3f} 和 q_f，则

$$\sigma_{3f} = \sigma_3$$
$$\sigma_{1f} = \sigma_3 + q_f$$

显然，根据 σ_{1f} 和 σ_{3f} 绘制的应力圆即为土样在所加 σ_3 之下的极限应力圆。取土样 3~4 个，各在不同的 σ_3 之下施加 q 直至破坏，可得到相应的的极限应力圆，其包线即为土样的抗剪强度线，据此可求得土样的 φ 和 c。

按试验过程中土样的排水条件，静力三轴实验有不固结不排水剪（UU）、固结不排水剪（CU）、固结排水剪（CD）3 种实验方法。学生实验时可选用不固结不排水剪，后两种实验方法供学生课余选做（土样为重塑土，其直径为 3.91 cm，高度为 8 cm）。

5.3.1　仪器设备

应变控制式静力三轴仪如图 5.7、图 5.8 所示，其附属设备（击实筒、承膜筒、橡皮膜等）如图 5.9 所示。

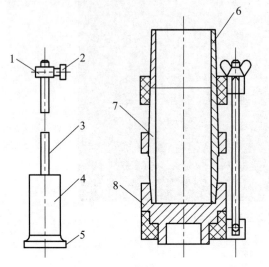

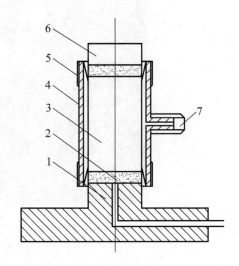

（a）击实筒及击锤　　　　　　　　　（b）承膜筒安装示意图

1—套环；2—定位螺丝；3—导杆；4—击锤；　　　1—三轴仪底座；2—透水石（或不透水板）；
5—底板；6—套筒；7—击样筒；8—底座　　　　　3—试样；4—承膜筒；5—橡皮膜；
　　　　　　　　　　　　　　　　　　　　　　6—上帽；7—吸气孔

图 5.9　三轴实验制样设备

5.3.2　不固结不排水剪（UU 试验）

1. 操作步骤

以重塑土为例。

（1）按下述步骤制备重塑土样：

① 根据所要求的干密度，称取制备好的重塑土。

② 将 3 片击实筒按号码对好，套上箍圈，内涂一薄层凡士林。

③ 将称好的扰动土大约分成 5 等份，分 5 层装入击实筒内。每层用击实锤击实一定次数，达到要求高度后，将表面用削土刀刮毛，然后再加第二层土料，直至最后一层（该层需加套筒）。将试样两端修整平，拆去箍圈，分片推出击实筒，注意别损坏试样。

④ 按上述制备其余各试样。注意：各试样的密度差值不大于 0.03 g/cm³。

（2）按下述步骤安装试样：

① 松开压力室底座螺丝，小心取下压力室外罩，放在实验台上。

② 在压力室底座上放一块不透水圆板，把制备好的试样置于其上，在试样顶部放置不透水试样帽。

③ 将橡皮膜套在承膜筒上，两端翻出承膜筒外，注意不要让橡皮膜扭曲。从吸气嘴吸气，使膜紧贴承膜筒内壁，然后将其套在试样外。放气后翻起橡皮膜，上下分别包住底座和试样

帽，取出承模筒。用橡皮圈将橡皮膜分别扎紧在试样底座和试样帽上，注意试样一定要对中。

④ 安装压力室外罩。注意：先将活塞抬高，以防止它碰撞试样，然后将活塞对准试样帽中心，并均匀旋紧底座螺丝。

⑤ 旋转手轮以抬高压力室底座，使量力环对准活塞杆，并大致接触。

（3）按下述步骤施加周围压力：

① 开排气孔，打开进水阀，往压力室注水。当快注满时，降低进水速度，直至水从排气孔溢出，然后关进水阀和排气孔。

② 开周围压力阀，用调压筒调整到所需的周围压力（数值由压力表和测控仪同时显示）。学生实验按 100 kPa、200 kPa、300 kPa、400 kPa 施加。

（4）施加轴向压力，使土样受剪（轴向应变速率取为每分钟 0.5% ~ 1.0%），其步骤如下：

① 旋转手轮，当观察到测力环量表长针微动时，表示活塞已与试样帽接触，然后将量表长针调整到零位，并将轴向变形量表长针也调整到零位。

② 确定应变速率，查表并用调速杆选择好挡位。

③ 启动马达，试样即开始受剪。在受剪初期，试样每产生轴向应变 0.3% ~ 0.4% 时，测记测力环表和轴向变形量表各 1 次。当轴向应变达 3% 以后，试样每产生 0.7% ~ 0.8% 的轴向应变（或 0.5 mm 变形值）各测一次。同学们可根据实验手册上记录表格定时测记测力环量表读数。

④ 当测力环量表读数达到峰值后，继续加载使轴向应变再增大 3% ~ 5%。若读数无明显减少，则轴向应变达 15% 时记下测力环量表的最大读数 R，以 0.001 mm 计。

（5）实验结束，关闭马达，用调压阀将围压退回到零，关闭周围压力阀，倒转手轮，降低试样底座，然后打开排气孔和排水阀。打开马达排出压力室内的水，拆除压力室外罩，擦干橡皮模周围的水，脱去橡皮膜，描述试样破坏后的形状。

（6）对其余几个试样在不同周围压力下按上述步骤进行实验。

2. 计算及绘图

（1）计算偏应力（或主应力差）。

$$\sigma_1 - \sigma_3 = q = 10 \times \frac{KR}{A} \text{ (kPa)} \tag{5.9}$$

式中 K ——量力环率定系数，N/0.01 mm，由
实验室提供；

  A ——试样断面积，cm^2；

  R ——试样剪坏时测力环内百分表的读
数，0.01 mm。

（2）以偏应力 $(\sigma_1 - \sigma_3)$ 为纵坐标，轴向应变 ε 为横坐标绘制 $(\sigma_1 - \sigma_3)$ - ε 关系曲线（图
5.10）。

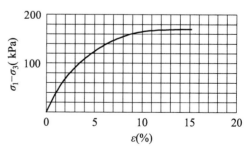

图 5.10 $(\sigma_1 - \sigma_3)$ - ε 关系曲线

（3）根据 $(\sigma_1 - \sigma_3)$ - ε 关系曲线确定试样剪坏时的偏应力 $(\sigma_{1f} - \sigma_{3f})$，并求出 σ_{1f}。偏应力 $(\sigma_{1f} - \sigma_{3f})$ 即 q_f。当 $(\sigma_1 - \sigma_3)$ - ε 关系曲线有峰值时，峰值点对应的 $(\sigma_1 - \sigma_3)$ 为 q_f，否则取 $\varepsilon = 15\%$ 时的 $(\sigma_1 - \sigma_3)$ 为 q_f。求 σ_{1f} 时注意到 $\sigma_{3f} = \sigma_3$，故 $\sigma_{1f} = \sigma_{3f} + q_f = \sigma_3 + q_f$。

（4）以剪应力 τ 为纵坐标，法向应力 σ 为横坐标，在 σ 轴上定出 $\sigma = (\sigma_{1f} + \sigma_{3f})/2$ 的点，

以之为圆心，以 $(\sigma_{1f} - \sigma_{3f})/2$ 为半径作圆，即得试样的极限应力圆。按上述绘出不同 σ_3 下的极限应力圆，作诸圆包线，即得试样的抗剪强度线，据此确定试样的内摩擦角和黏聚力，见图 5.12（a）。

5.3.3　固结不排水剪（CU 试验）

1. 操作步骤

（1）土样的制备与不固结不排水剪试验相同。

（2）试样饱和：采用抽气饱和法。将试样装入饱和器内，置于缸内盖紧抽气。当真空度接近 1 个大气压后，对于粉质土再继续抽半小时以上，黏质土抽 1 h 以上。然后徐徐注入清水，并使真空度保持稳定。当饱和器完全淹没水中后，停止抽气，解除抽气缸内真空，让试样在抽气缸内静置 10 h 以上。然后取出试样称质量。

（3）试样安装。

① 开孔隙压力阀及量管阀，使仪器底座充水排气，并关阀，将煮沸过的透水石滑入仪器底座上。然后放上湿滤纸，放置试样，上端也放一湿滤纸及透水石。试样周围贴 7 条～9 条宽度为 6 mm 左右浸湿的滤纸条，滤纸条两端与透水石连接。

② 按（UU）实验步骤第（2）中第③条安放橡皮膜，下端扎紧在仪器底座上。

③ 用软刷子或双手自下而上轻轻按抚试样以排除试样与橡皮膜之间的气泡。

④ 打开排水阀，使水从试样帽徐徐流出以排除管路中的气泡，并将试样帽置于试样顶端，排除顶端气泡，将橡皮膜扎紧在试样帽上。

⑤ 降低排水管，使其水面至试样中心高程以下 20 cm～40 cm，吸出试样与橡皮膜之间多余水分，然后关排水阀。

⑥ 按（UU）实验步骤第（2）中第④、⑤条及（3）中第①条安装压力室并注水。然后放低排水管使其水面与试样中心高度齐平，测记水面读数。

⑦ 使量管水面位于试样中心高度处。开量管阀、用调压筒调整并记下孔隙压力表起始读数，然后关量管阀。

⑧ 按（UU）实验步骤第（3）中第②条、（4）中第①条施加周围压力，并调整各量表至零位。

（4）排水固结。

① 用调压筒先将孔隙压力表读数调至接近该周围压力大小，然后缓缓打开孔隙压力阀，并同时旋转调压筒，测记稳定后的孔隙压力读数，减去孔隙压力表起始读数，即为周围压力下的起始孔隙压力 u。

② 打开排水阀同时秒表开始计时，按 0、0.25 min、1 min、4 min、9 min⋯时间测记固结排水管水面及孔隙压力表读数。在整个实验过程中，固结排水管水面应保持在试样中心高度处；固结度至少应达到 95%（随时绘制排水量 ΔV 与时间平方根（或时间对数）曲线，如图 5.11 所示。

③ 固结完成后，关排水阀，记下固结排水管和孔隙压力表读数。然后转动手轮，到测力环量表开始微动时，表示活塞已与试样接触，记下轴向变形量表读数，即为固结下沉量 Δh，依次算出固结后试样高度 h_0，然后将测力环表、垂直变形量表长针都调至零位。

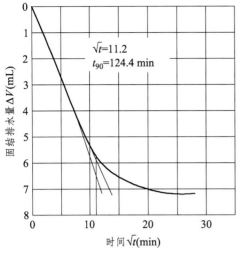

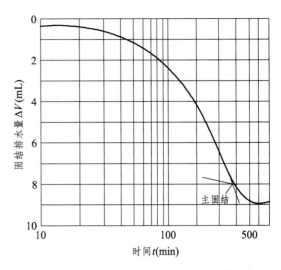

（a）固结排水量与时间平方根曲线　　（b）确定主固结点的排水量与时间对数曲线

图 5.11

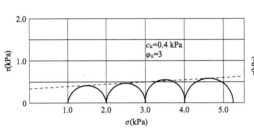

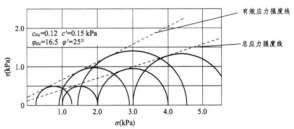

（a）不固结不排水剪强度包线　　　　　　（b）固结不排水剪强度包线

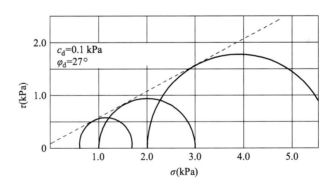

（c）固结排水剪强度包线

图 5.12　强度包线

（5）试样剪切。

① 选择剪切速率：粉质土每分钟应变为 0.1% ~ 0.5%；一般黏质土每分钟应变为 0.05% ~ 0.1%。

② 启动马达，按 UU 实验步骤第（4）种③、④的规定测记测力环内量表读数、孔隙压力表读数。

③ 试样剪切停止后,关闭孔隙压力阀,并将孔隙压力表退至零位。其余按 UU 实验第(5)、(6)进行。

2. 计算及绘图

计算过程同 UU 实验。由于该实验已测得孔隙压力,因此可确定试样破损时的有效主应力。以有效主应力 σ 为横坐标,剪应力 τ 为纵坐标,在横坐标上以 $\dfrac{\sigma'_{1f}+\sigma'_{3f}}{2}$ 为圆心,以 $\dfrac{\sigma'_{1f}-\sigma'_{3f}}{2}$ 为半径,绘制不同周围压力下的有效破损应力圆,作诸圆包线,从而求得有效内摩擦角 φ' 和有效黏聚力 c',见图 5.12(b)。

5.3.4　固结排水剪（CD 试验）

1. 操作步骤

（1）试样安装与 CU 实验步骤第（3）条中①～⑥步骤相同。

（2）打开周围压力阀,施加所需周围压力,旋转手轮,使测力环量表指针微动,然后将测力环量表和轴向变形量表指针调整到零位。

（3）排水固结:同 CU 实验,并读取固结排水量及固结下沉量。

（4）试样剪切:剪切应变速率对一般细粒土采用每分钟应变 0.012%～0.003%为宜,以保证试样在充分排水情况下,承受轴向压力。在剪切过程中应打开排水阀、量管阀和孔隙压力阀,按前 CU 实验规定的变形间隔读取排水管和量管读数,以及相应的轴向变形量表和测力环量表读数。

（5）实验停止后关闭孔隙压力阀,其余步骤按 UU 实验步骤第（5）、（6）条进行。

2. 计算及绘图

计算过程同 UU 实验。由于孔隙压力等于零,故绘出的抗剪强度包线即为有效抗剪强度曲线,见图 5.12(c)。

5.4　无侧限抗压强度实验

无侧限抗压强度是试样在无侧向压力条件下,抵抗轴向压力的极限强度。此时土样的小主应力 $\sigma_3 = 0$,而大主应力 σ_1 的极限值即为无侧限抗压强度 q_u,可由式（5.10）表示:

$$\sigma_1 = q_u = 2c \cdot \tan\left(45^\circ + \frac{\varphi}{2}\right) \tag{5.10}$$

对于干硬性土,试样在破坏时,可能出现明显的剪裂面,并能测出裂面与垂直线间的夹角 α。对于饱和黏土,因加压时土样内孔隙水来不及排出,剪切面上的有效压力为零,土粒间摩阻力不发生作用,故 $\varphi = 0$、黏聚力 $c = \tau = \dfrac{q_u}{2}$。

5.4.1 仪器设备

1. 应变控制式无侧限压力

应变控制式无侧限压力仪如图 5.13（a）所示。

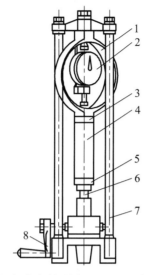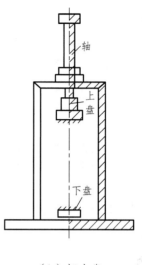

（a）应变控制式无侧限压力仪　　　　　（b）切土盘

1—测力环；2—量表；3—上加压板；4—试样；5—下加压板；
6—升降螺杆；7—轴向加压框架；8—手轮或电动转轮

图 5.13

2. 其他仪器设备

（1）天平：称量 500 g，感量 0.1 g。

（2）切土盘见图 5.13（b），用于原状土制样。

（3）击实筒，用于重塑土样制备。

（4）其他：卡尺、削土刀、钢丝锯、秒表等。

5.4.2 操作步骤

下面以原状土为例进行说明。

（1）将原状土样按天然层次的方向安放在桌面上，用削土刀或钢丝锯削成稍大于试样直径的土柱，放入切土盘的上下圆盘之间，按土样直径要求，调整活动杆后固定。用钢丝锯或削土刀，沿竖杆由上往下细心切削，边切削边转动圆盘，直至切成所要求的直径为止。然后取试样，按要求的高度削平两端。端面要平整并与侧面垂直，上下均匀。在切削过程中，若试样表面遇圆砾石而形成孔洞，允许用土填补。

（2）试样直径可采用 3.5 cm ~ 4.0 cm。试样高度与直径之比应按土的软硬情况采用 2 ~ 2.5。

（3）削好的试样立即称其质量，准确至 0.1 g，并用卡尺测量其高度及上、中、下各部位直径，按式（5.11）计算平均直径：

$$D_0 = \frac{D_1 + 2D_2 + D_3}{4}$$

（5.11）

式中　D_0——试样的平均直径，cm；

　　　D_1，D_2，D_3——试样上、中、下各部位直径，cm。

（4）将试样两端抹一薄层凡士林（如气候干燥，试样侧面也需抹一薄层凡士林以防止水分蒸发）。

（5）将制备好的试样放在下加压板上，转动手轮，使试样与上加压板刚好接触。将测力环里的量表长针读数调至零位。

（6）以每分钟轴向应变为1%~3%的速度转动手轮。

（7）轴向应变小于3%时，应变每变化0.5%测记测力环的量表读数1次；当应变达3%以后，每1%应变测记测力环的量表1次。

（8）当测力环的量表读数达到峰值或读数达到稳定后，应再进行3%~5%的应变值即可停止实验；如读数无稳定值，则实验应进行到轴向应变达20%为止。

（9）实验宜在8 min~10 min内完成。实验结束后，迅速反转手轮，取下试样，描述土样破坏后形状，测量破坏面倾角。

5.4.3　计算及绘图

（1）按式（5.12）计算轴向应变。

$$\varepsilon = \frac{\Delta h}{h_0}$$

（5.12）

$$\Delta h = n \times \Delta L - R$$

（5.13）

式中　ε——轴向应变，%；

　　　h_0——实验前试样高度，mm；

　　　Δh——轴向变形，mm；

　　　n——手轮转数；

　　　ΔL——手轮每转一周，下加压板上升高度，mm；

　　　R——测力环量表读数，mm。

（2）按式（5.14）计算试样平均断面面积。

$$A_a = \frac{A_0}{1-\varepsilon}$$

（5.14）

式中　A_a——校正后试样面积，cm^2；

　　　A_0——实验前试样面积，cm^2。

（3）试样所受轴向应力按式（5.15）计算。

$$\sigma = 10 \times \frac{K \cdot R}{A_a}$$

（5.15）

式中　σ —— 轴向应力，kPa；

　　　K —— 测力环百分表率定系数，N/0.01 mm；

　　　R —— 测力环百分表读数，以 0.01 mm 计。

（4）以轴向应力为纵坐标，轴向应变为横坐标，绘制应力-应变曲线，如图 5.14，取曲线上最大轴向应力作为无侧限抗压强度 q_u。如最大轴向应力不明显，取轴向应变为 15%处的轴向应力作为无侧限抗压强度 q_u。

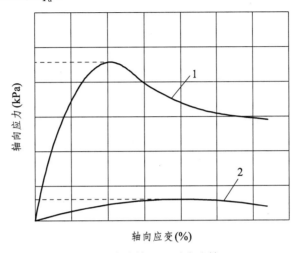

1—原状试样；2—重塑试样

图 5.14　轴向应力与轴向应变关系曲线

5.5　承载比（CBR）实验

承载比（CBR）是路基和路面材料的强度指标，是柔性路面设计的主要参数之一。CBR值是指采用标准尺寸的贯入杆（ϕ 50 mm）贯入试样中 2.5（或 5）mm 时，所需的荷载强度与相同贯入量时标准荷载强度的比值。

5.5.1　适用范围

在规定试样筒内制样后，对扰动土进行实验。试样的最大粒径宜小于 20 mm 且分 5 层击实。采用 3 层击实制样时，最大粒径不大于 40 mm。

5.5.2　仪器设备

承载比试验仪器如图 5.15 所示。

图 5.15　承载比试验仪器

43

（1）击实筒。

（2）击锤和导筒。

（3）膨胀量测定装置，由三脚架和位移计组成。

（4）带调节杆的多孔顶板，板上孔径宜小于 2 mm。

（5）贯入仪，由下列部件组成：

① 加压和测力设备；

② 贯入杆；

③ 位移计 2 只，最小分度值为 0.01 mm 的百分表或准确度为全量程 0.2%的位移传感器。

（6）荷载块：直径 150 mm，中心孔眼直径 52 mm，并沿直径分为两个半圆块。

（7）水槽。

（8）其他：台秤、脱模器等。

5.5.3 实验步骤

（1）取代表性试样测定风干含水率，按重型击实实验步骤进行备样。土样需过 20 mm（或 40 mm）筛，以筛除大于 20 mm（或 40 mm）的颗粒，并记录超径颗粒质量的百分比，按需要制备数份试样，每份试样质量约 6 kg。

（2）按击实实验的步骤进行重型击实实验，测定试样的最大干密度和最优含水率。再按最优含水率备样，进行重型击实实验。1 种干密度制备 3 个试样，若需要制备 3 种干密度试样，则应制备 9 个试样。试样的干密度可控制在最大干密度的 95% ~ 100%。击实完成后试样超高应小于 6 mm。

（3）卸下护筒，用削土刀沿击实筒顶修平试样，表面不平整处应细心用细料修补，取出垫块，称击实筒和试样总质量。

（4）将一层滤纸铺于试样表面，放上多孔底板，并用拉杆将试样筒与多孔底板固定好。倒转试样筒，在试样另一表面铺一层滤纸，并在该面放上带调节杆的多孔顶板，再放上 4 块荷载板。

（5）将整个装置放入水槽（先不放水），安装好膨胀量测定装置，并读取初读数。向水槽内缓缓注水，使水自由进入试样的顶部和底部，注水后水槽内水面应保持高出试样顶面以上约 25 mm，通常浸泡 4 昼夜。

（6）量测浸水后试样的高度变化，并按式（5.16）计算膨胀量。

$$\delta_{w} = \frac{\Delta h_{w}}{h_{0}} \times 100 \qquad (5.16)$$

式中　δ_{w} ——浸水后试样的膨胀量，%；

　　　Δh_{w} ——试样浸水后的膨胀量，mm；

　　　h_{0} ——试样初始高度（116 mm）。

（7）卸下膨胀量测定装置，从水槽中取出试样筒，吸去试样顶面的水。静置 15 min 后卸下荷载块、多孔顶板和多孔底板，取下滤纸，称试样及试样筒的总质量，并计算试样的含水率及密度的变化。

（8）将浸水后的试样（带击实筒）放在贯入仪的升降台上，调整升降台的高度，使贯入杆与试样顶面刚好接触。试样顶面放上 4 块荷载块，在贯入杆上施加 45 N 的荷载，将测力计和变形量测设备的位移计调整至零位。

（9）打开电动机开关，施加轴向压力，使贯入杆以 1 mm/min ~ 1.25 mm/min 的速度压入试样，测定测力计内百分表在指定整读数（如 20，40，60 等）下相应的贯入量，使贯入量在达到 2.5 mm 时的读数不少于 5 个。实验至贯入量为 10 mm ~ 12.5 mm 时终止。

（10）本实验进行 3 个平行实验，3 个试样的干密度差值应小于 0.03 g/cm³。当 3 个实验结果所得承载比的变异系数大于 12%时，去掉一个偏离大的值，取其余 2 个结果的平均值；当变异系数小于 12%时，取 3 个结果的平均值。

5.5.4　计 算 及 绘 图

以单位压力为横坐标、贯入量为纵坐标，绘制单位压力与贯入量关系曲线。

（1）承载比应按下述计算。

贯入量为 2.5 mm 时，

$$CBR_{2.5} = \frac{p}{7\ 000} \times 100 \tag{5.17}$$

式中　$CBR_{2.5}$——贯入量为 2.5 mm 时的承载比，%；

　　　p——单位压力，kPa；

　　　7 000——贯入量为 2.5 mm 时所对应的标准压力，kPa。

贯入量为 5.0 mm 时，

$$CBR_{5.0} = \frac{p}{10\ 500} \times 100 \tag{5.18}$$

式中　$CBR_{5.0}$——贯入量为 5.0 mm 时的承载比，%；

　　　10 500——贯入量为 5.0 mm 时的标准压力，kPa。

（2）承载比一般取贯入量为 2.5 mm 时的承载比。但当贯入量为 5 mm 时的承载比大于贯入量为 2.5 mm 时的承载比时，实验应重做。若数次实验结果仍相同时，则采用 5 mm 时的承载比。

（3）以单位压力（p）为横坐标、贯入量（l）为纵坐标，绘制 p-l 曲线，如图 5.16 所示。图上曲线 1 是合适的；曲线 2 的开始段是凹曲线，需要进行修正。修正方法为：在变曲率点引一切线，与纵坐标交于 O' 点，这 O' 点即为修正后的原点。

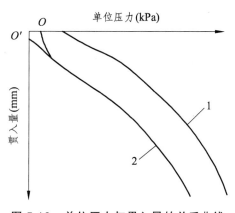

图 5.16　单位压力与贯入量的关系曲线

5.6 回弹模量实验

通过对试样进行规定压力下的加载和卸载，测定土的回弹变形量，以确定土的回弹模量值。此法适用于细粒土。

5.6.1 仪器设备

图 5.17　杠杆压力仪

（1）杠杆压力仪：最大压力 1 500 N，如图 5.17 所示。

（2）击实筒：内径 152 mm，高 166 mm 的金属圆筒。

护筒：高 50 mm；筒内垫板：直径 151 mm，高 50 mm；夯击底板与击实仪相同。

（3）承载板：直径 50 mm，高 80 mm。

（4）千分表：2 块。

（5）秒表：1 只。

5.6.2 操作步骤

（1）视最大粒径选择轻型或重型法进行击实实验，得出最大干密度和最优含水率。

（2）按最优含水率制备试样，以规定击数在击实筒内制备试件。

（3）将装有试样的击实筒底面放在杠杆压力仪的底盘上，将承载板放在试样的中心位置，并与杠杆压力仪的加压球座对正。将千分表固定在立柱上，并将千分表的测头安放在承载板的表架上。

（4）在杠杆压力仪的加载架上施加砝码，用预定的最大压力 p 进行预压。对含水率大于塑限的土，$p = 50$ kPa ~ 100 kPa；对含水率小于塑限的土，$p = 100$ kPa ~ 200 kPa。预压进行 1 ~ 2 次，每次预压 1 min 后卸载。预压后调整承载板位置，并将千分表调到零位。

（5）将预定的最大压力分为 4 级 ~ 6 级进行加载，每级加载时间为 1 min，记录千分表读数，同时卸载。当卸载 1 min 时，记录千分表读数，直至最后一级荷载。为使实测曲线的开始部分比较准确，可将第 1 级、第 2 级荷载再分别成两小级进行加载和卸载。实测中的最大压力可略大于预定的最大压力。

（6）土的回弹模量需进行 3 次平行测定，每次测定结果与回弹模量的均值之差应不超过 5%。

5.6.3 计算及绘图

（1）按式（5.19）计算每级荷载下试样的回弹模量。

$$E_e = \frac{\pi p D}{4l}(1 - \mu^2) \tag{5.19}$$

式中　E_e——回弹模量，kPa；

p——承载板上的压力，kPa；

D——承载板直径，cm（5.0 cm）；

l——相应于该级压力的回弹变形（加载读数减卸载读数），cm；

μ——土的泊松比，一般取 0.35。

（2）以压力 p 为横坐标、回弹变形 l 为纵坐标，绘制 $p\text{-}l$ 曲线。

（3）每个试样的回弹模量取 $p\text{-}l$ 曲线上任一压力与其对应的 l 按式（5-19）计算。

（4）对于较软的土，如果 $p\text{-}l$ 曲线不通过原点，允许用初始直线段与纵坐标的交点当作原点，修正各级荷载下的回弹变形和回弹模量。

第6章 土的水理性质实验

6.1 液限、塑限实验

w_L 液性界限（液限），是黏性土或细粒土由流动状态转变为可塑状态的界限含水率。w_P 塑性界限（塑限）是黏性土或细粒土由可塑状态转变为半固体状态的界限含水率。因此，液限和塑限分别是土处于可塑状态时的上限和下限含水率。测定 w_L、w_P 主要是为计算塑性指数 I_P 和液性指数 I_L。I_P（如表2.4）越大，说明该土可塑性状态的含水率变化范围越大。I_L 是判别黏性土软硬状态的指标，见表6.1。工程上，I_P 可作为黏性土或细粒土分类的依据。

液限、塑限有不同的实验设备和测定方法，下面分别介绍光电液塑限联合测定仪，锥式液限仪及搓条法。

表 6.1 黏性土的物理状态

状态	坚硬	硬塑	可塑	软塑	流塑
液性指数	$I_L \leq 0$	$0 < I_L \leq 0.25$	$0.25 < I_L \leq 0.75$	$0.75 < I_L \leq 1.0$	$I_L > 1.0$

6.1.1 液限塑限联合测定法

1. 仪器设备

（1）采用液塑限联合测定仪（图6.1）：锥质量76 g，锥尖成30°角，读数显示为光电式。试样杯内径为40 mm，高度为30 mm。

（2）天平：称量200 g，感量0.01 g。

（3）其他：烘箱、铝盒、削土刀、调土皿、滴管、凡士林等。

2. 土样制备

将土样风干后，碾碎并过 0.5 mm 筛，以除去粒径 0.5 mm 以上的颗粒和杂质，取过筛后的土样加水调成均匀膏状，放入调土皿，浸润，用湿布盖好，静置约 24 h，使土样内水分均匀。如天然土中无大于 0.5 mm 的粗粒，则最好用天然湿度的土调制土样。为避免土中胶

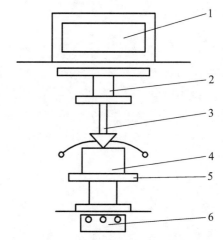

1—显示屏；2—电磁铁；3—带标尺的圆锥仪；
4—试样杯；5—控制开关；6—升降座

图 6.1 液塑限联合测定仪示意图

体颗粒和有机质因加热而发生变化，改变土的塑性，一般不宜用烘干土制备土样。

3. 操作步骤

（1）将制备的试样充分调拌均匀，填入试样杯中，填样时不应留有空隙。对较干的试样应充分搓揉，密实填入试样杯中，填满后刮平表面。

（2）将试样杯放在联合测定仪的升降座上，在圆锥上抹一薄层凡士林，接通电源，使电磁铁吸住圆锥。

（3）调节零点，将屏幕上的标尺调在零位；调整升降座，使圆锥尖接触试样表面。指示灯亮时圆锥在自重下沉入试样，经 5 s 后测读圆锥下沉深度（显示在屏幕上）。取出试样杯，挖去锥尖入土处的凡士林，取锥体附近的试样不少于 15 g，放入称量盒内，测定含水率。

（4）将全部试样再加水或吹干并调匀，重复以上操作步骤，分别测定第 2 点、第 3 点试样的圆锥下沉深度及相应的含水率。液塑限联合测定应不少于 3 点。

注：圆锥入土深度宜为 3 mm ~ 4 mm，7 mm ~ 9 mm，15 mm ~ 17 mm。

4. 计算和分析

（1）计算试样的含水率：试样的含水率，应按式（6.1）计算，准确至 0.1%，

$$w = \left(\frac{m}{m_d} - 1\right) \times 100\% \tag{6.1}$$

式中　m_d——干土质量，g；

　　　m——湿土质量，g。

（2）以含水率为横坐标，圆锥入土深度为纵坐标，在双对数坐标纸上绘制关系曲线（图 6.2），3 点应在一直线上，如图中 A 线所示。当 3 点不在一直线上时，通过高含水率的点和其余 2 点连成 2 条直线，在下沉 2 mm 处查得相应的 2 个含水率，当 2 个含水率的差值小于 2% 时，应以两点含水率的平均值与高含水率的点连一直线，如图中 B 线所示。当 2 个含水率的差值大于等于 2% 时，应重做实验。

（3）在含水率与圆锥下沉深度的关系图上查得下沉深度为 17 mm 时所对应的含水率为液限，查得下沉深度为 10 mm 时所对应的含水率为 10 mm 液限，查得下沉深度为 2 mm 时所对应的含水率为塑限，取值以百分数表示，准确至 0.1%

6.1.2 锥式液限仪测定液限

1. 仪器设备

（1）锥式液限仪（图 6.3）：圆锥、手柄和平衡锤共重 76 g，锥尖成 30° 角，在距锥尖 10 mm 处有刻度线。试杯高 20 cm，直径为 40 cm。

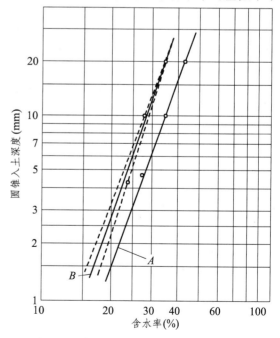

图 6.2　含水率-圆锥入土深度关系曲线

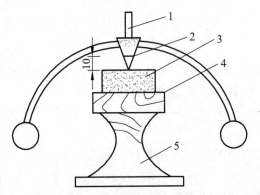

1—76 g 圆锥仪；2—10 mm 刻度线；3—试杯及土样；4—玻璃片；5—仪器底座

图 6.3　锥式液限仪

（2）天平：称量 200 g，感量 0.01 g。

（3）其他：烘箱、铝盒、削土刀、调土皿、滴管、凡士林等。

2. 土样制备

同液塑限联合测定法。

3. 操作步骤

（1）取制备好的土样（其体积略大于试杯体积）盛入调土皿，用削土刀在皿内充分拌和均匀。然后用削土刀将土样分层装入试杯，边装边压，不得使杯内留有空隙或气泡。填满后，再用削土刀将杯内土样沿杯口削平，削平时不得反复压抹土样表面。

（2）将锥体擦净，在锥尖上涂一薄层凡士林，用大拇指和食指捏住圆锥仪柄，调整好试杯位置及高度，使锥体位于土样中心部位，锥尖刚好与土面接触。然后松开手指并计时，让锥体在自重下自由下沉，5 s 后观察锥体沉入深度。

（3）当经过 5 s，锥体沉入深度恰为 10 mm，即沉至锥体上的刻度线时，土样含水率即为液限。如锥体下沉深度小于或大于 10 mm，则说明土样含水率低于或高于液限，这时需把锥尖附近沾有凡士林的土除去，再取出杯内全部土样放入调土皿，加水或不加水调制，按步骤（1）和（2）重新实验，直至锥体在 5 s 内下沉深度恰为 10 mm 为止。

（4）取出锥体，将沾有凡士林的土除去，在其周围取土样 15 g ～ 30 g，按含水率实验方法测其含水率，所得结果即为土样的液限。

（5）按上述步骤再实验一次，两次实验测得的液限之差不得大于 2%。

6.1.3　搓滚法测塑限

w_p 即塑性界限，它是黏性土或细粒土由可塑状态转变为半固体状态的界限含水率。实验目的和土样制备与液限相同，实验方法采用搓滚法。

1. 仪器设备

（1）毛玻璃板。

（2）天平：称量 200 g，感量 0.01 g。

（3）烘箱。

（4）其他：铝盒 2 个等。

2. 操作步骤

（1）将制备好的试样约 20 g，在手中揉捏至不粘手，然后将试样捏扁。如出现裂缝，则表明含水率接近塑限。

（2）取小拇指头大小的土，用手捏紧成椭圆形，放在毛玻璃上。再用手掌施以轻微而均匀的压力，来回搓滚，形成土条。搓滚时，土条长度不应超过手掌宽度，不允许土条有中空现象。

（3）如土条搓成直径 3 mm 时未产生断裂，则说明试样含水率高于塑限，应将土条重新揉捏，搓滚，直至土条直径达 3 mm 时发生断裂为止（图 6.4）。若土条过早断裂，则试样含水率低于塑限，应将其丢掉，重新取样实验。

图 6.4　塑限搓条法示意图

（4）合格的土条立即放进铝盒，盖上盒盖。待达到 3 g ~ 5 g 时按含水率实验方法测定含水率，所得结果即为塑限 w_P。

（5）本实验需进行 2 次平行实验，其平行差值不得大于 2%。

6.1.4　计算土的塑性指数 I_P、液性指数 I_L 并确定其名称和状态

根据含水率、液限和塑限等 3 项实验结果算出土样的 I_P 和 I_L，然后按现行规范确定土的名称和状态（表 2.4、表 6.1）。

$$I_P = w_L - w_P \tag{6.2}$$

$$I_L = \frac{w_0 - w_P}{w_L - w_P} = \frac{w_0 - w_P}{I_P} \tag{6.3}$$

式中　w_L ——液限，%；

　　　w_P ——塑限，%；

　　　w_0 ——原状土含水率，%。

6.2　渗透实验

渗透是液体在多孔介质中运动的现象。土具有被水等液体透过的性质称为土的渗透性。渗透系数是表达土的渗透能力的定量指标。本实验的目的是测定土的渗透系数。

土的渗透系数变化范围很大（10^{-1} cm/s ~ 10^{-8} cm/s），渗透系数的测定应采用不同方法。粗粒土（砂质土）多采用水头渗透实验，细粒土（黏质土和粉质土）多采用变水头渗透实验。

6.2.1 常水头渗透实验

1. 适用范围
常水头渗透实验适用于粗粒土。

2. 仪器设备
（1）常水头渗透仪（70 型渗透仪）如图 6.5 所示。

① 金属封底圆筒：内径为 10 cm，高 40 cm。

② 金属孔板。

③ 滤网。

④ 测压管。

⑤ 供水瓶。

（2）天平：量程 200 g，最小分度值 0.01 g。

（3）温度计：最小分度值 0.5 ℃。

图 6.5 常水头实验仪

3. 实验步骤
（1）按要求装好仪器，检查各管路接头处是否漏水，量测滤网至筒顶的高度，将调节管和供水管相连，由仪器底部渗水孔向圆筒充水至高出滤网顶面，关止水夹。

（2）取具有代表性的风干土样 3 kg ~ 4 kg，测定其风干含水率。将风干土样分层装入圆筒内，每层 2 cm ~ 3 cm。根据要求的孔隙比，用木锤轻轻击实，控制试样厚度。当试样中含黏粒较多时，应在滤网上铺 2 cm 厚的粗砂作为过滤层，防止测试时细粒流失。每层试样装完后连接供水管和调节管，从调节管进水，微开止水夹，使试样逐渐饱和。当充水至试样顶面，最后一层试样应高出测压管 3 cm ~ 4 cm，并在试样顶面铺 2 cm 砾石作为缓冲层。当水面高出试样顶面时，应继续充水至溢水孔有水溢出，关止水夹。

（3）量试样顶面至筒顶高度，计算试样净高度，称剩余土样的质量，计算装入试样质量。

（4）静置一会儿后，检查测压管水位与溢水孔水位是否齐平。当测压管与溢水孔水位不平时，用吸球调整测压管水位，直至两者水位齐平。

（5）提高调节管至溢水孔以上，将供水管放入圆筒内，开止水夹，使水由顶部注入圆筒；降低调节管至试样上部 1/3 高度处，形成水位差使水渗入试样，经过调节管流出。调节供水管止水夹，使进入圆筒的水量多于溢出的水量，溢水孔始终有水溢出。保持圆筒内水位不变，使试样处于常水头下渗透。

（6）测压管水位稳定后，测记测压管水位，计算各测压管之间的水位差。打开秒表，同时用量筒接取一定时间段的渗透水量，按规定时间记录渗出水量。接取渗出水量时，调节管口不得浸入水中，测量进水和出水处的水温，取平均值。

（7）降低调节管管口至试样的中部和下部 1/3 处，按（5）、（6）步骤重复测定渗出水量和水温。当不同水力坡降下测定的数据接近时，结束实验。

4. 计算

（1）渗透系数应按式（6.4）计算。

$$k_T = \frac{QL}{AHt} \tag{6.4}$$

式中　k_T——水温为 T ℃ 时试样的渗透系数，cm/s；

　　　Q——时间 t_s 内的渗出水量，cm^3；

　　　L——两测压管中心间的距离，cm；

　　　A——试样的断面面积，cm^2；

　　　H——平均水位差，cm（$H = (H_1 + H_2)/2$）；

　　　t——时间，s。

（2）标准温度（20 ℃）下的渗透系数应按式（6.5）计算。

$$k_{20} = k_T \frac{\eta_T}{\eta_{20}} \tag{6.5}$$

式中　η_T——T ℃ 时水的动力黏滞系数，kPa·s（10^{-6}）；

　　　η_{20}——20 ℃ 时水的动力黏滞系数，kPa·s（10^{-6}）。

比值 η_T/η_{20} 与温度的关系可查表（《土工试验规程》（SL 237—1999））确定。

6.2.2　变水头渗透实验

1. 适用范围

变水头渗透实验适用于细粒土。

2. 仪器设备

（1）渗透容器：由环刀、透水石、套环、上盖和下盖组成。环刀内径 61.8 mm，高 40 mm。

（2）变水头装置：由渗透容器、变水头管、供水瓶、进水管等组成。

（3）其他：削土刀、量筒、秒表、温度计、凡士林等。

3. 实验步骤

（1）测定试样的含水率和密度。

（2）将容器套筒内壁涂一薄层凡士林，然后将装有试样的环刀装入渗透容器，压入止水垫圈，装好带有透水板的上下盖，用螺母旋紧，密封至不漏水不漏气。对不易透水的试样，进行抽气饱和；对饱和试样和较易透水的试样，直接用变水头装置的水头进行试样饱和。

图 6.6　变水头实验仪

（3）将渗透容器的进水口与变水头管连接，利用供水瓶中的纯水向进水管注满水，并渗入渗透容器，开排气阀，排除渗透容器底部的空气。直至溢出水中无气泡，关排水阀，放平渗透容器，关进水管夹。

（4）向变水头管注纯水，使水升至预定高度。水头高度根据试样结构的疏松程度确定，一般不应大于 2 m。待水位稳定后切断水源，开进水管夹，使水通过试样。当出水管中有水溢出时开始测记变水头管中起始水头高度和起始时间，按预定时间间隔测记水头和时间的变化，并测记出水口的水温。

（5）将变水头管中的水位变换高度，待水位稳定后再进行测记水头和时间变化，重复实验 5~6 次。当不同开始水头下测定的渗透系数在允许差值范围内时，实验终止。

4．计 算

（1）变水头渗透系数应按式（6.6）计算。

$$k_T = 2.3 \frac{aL}{A(t_2 - t_1)} \lg \frac{h_1}{h_2} \tag{6.6}$$

式中　a ——变水头管的断面面积，cm^2；

　　　2.3 ——ln 和 lg 的变换因数；

　　　L ——渗流路径，等于试样高度，cm；

　　　t_1，t_2 ——测读水头的起始和终止时间，s；

　　　h_1，h_2 ——起始和终止水头。

（2）标准温度 20 ℃下的渗透系数应按式（6.5）计算。

6.3　自由膨胀率实验

自由膨胀率是以人工制备的松散的、干燥的试样，在纯水中膨胀稳定后的体积增量与原体积之比。

6.3.1　适用范围

本实验方法适用于黏性土。

6.3.2　仪器设备

（1）量筒：容积为 50 mL，最小刻度为 1 mL。

（2）量土杯：容积为 10 mL，内径为 20 mm。

（3）无颈漏斗：上口直径为 50 mm ~ 60 mm，下口直径 4 mm ~ 5 mm。

（4）搅拌器：由直杆和带孔圆盘构成。

（5）天平：称量 200 g，最小分度值为 0.01 g。

图 6.7　自由膨胀率实验仪

6.3.3 实验步骤

（1）取代表性风干土 100 g，碾细并过 0.5 mm 筛。将筛下土样拌匀，在 105 ℃～110 ℃ 温度下烘干，置于干燥器内冷却至室温。

（2）将无颈漏斗放在支架上，漏斗下口对准量土杯中心并保持距离 10 mm。

（3）用取土匙取适量试样倒入漏斗中。倒土时取土匙应与漏斗壁接触，并尽量靠近漏斗底部，边倒边用细铁丝轻轻搅动。当量杯装满土样并溢出时，停止向漏斗倒土。移开漏斗，刮去杯口多余土，称量土杯中试样质量。将量土杯中试样倒入匙中，再次将匙中土样按上述方法全部倒回漏斗并落入量土杯，刮去多余土，称量土杯中试样质量。本步骤应进行 2 次平行测定，2 次平行测定的差值不得大于 0.1 g。

（4）在量筒内注入 30 mL 纯水，加入 5 mL 浓度为 5% 的分析纯氯化钠（NaCl）溶液，将试样倒入量筒内，用搅拌器上下搅拌溶液各 10 次，用纯水冲洗搅拌器和量筒壁至悬液达 50 mL，静置 24 h。

（5）待悬液澄清后，每 2 h 测读 1 次土面读数（估读至 0.1 mL）。若土面倾斜，读数应取中值。直至两次读数差值不超过 0.2 mL，认为膨胀稳定，停止测试。

6.3.4 计　算

（1）自由膨胀率应按式（6.7）计算，准确至 1.0%。

$$\delta_{\mathrm{ef}} = \frac{V_{\mathrm{we}} - V_0}{V_0} \times 100 \qquad (6.7)$$

式中　δ_{ef}——自由膨胀率，%；

　　　V_{we}——试样在水中膨胀稳定后的体积，mL；

　　　V_0——试样初始体积，10 mL。

（2）本实验应进行 2 次平行测定。当 δ_{ef} 小于 60% 时，平行差值不得大于 5%；当 δ_{ef} 大于、等于 60% 时，平行差值不得大于 8%。取 2 次测值的平均值，以整数的百分数表示。

6.4　膨胀率实验

膨胀率是指试样在有侧限条件下膨胀的增量与初始高度之比值。根据加载条件可分为有荷膨胀率实验和无荷膨胀率实验。

6.4.1 有荷载膨胀率实验

1. 适用范围

本实验方法适用于测定原状土或扰动黏土在特定荷载和有侧限条件下的膨胀率。

2. 仪器设备

（1）固结仪。（试验前应率定不同压力下仪器的压缩变形量）

（2）环刀：直径为 61.8 mm 或 79.8 mm，高度为 20 mm。

（3）位移计：量程为 10 mm、最小分度值为 0.01 mm 的百分表或准确度为全量程 0.2%的位移传感器。

3. 实验步骤

（1）测定试样含水率和密度。将透水板埋在切削下的碎土内 1 h 后，取出刷净，放入仪器中，将有试样的环刀安装在压缩盒里，并在试样和透水板之间加薄型滤纸。

（2）安装好位移计，施加 1 kPa 预压力，使仪器各部分充分接触。调整位移计，记下初读数，分级或 1 次连续施加所要求的荷载，直至变形稳定，测记位移计读数，变形稳定标准为每小时变形不超过 0.01 mm。再自下而上向容器内注入纯水，并保持水面高出试样 5 mm，记下注水开始时间。

（3）浸水后每隔 2 h 测记读数 1 次，直至 2 次读数差值不超过 0.01 mm 时膨胀稳定，测记位移计读数。

（4）实验结束，吸去容器中的水，卸除荷载，取出试样，称试样质量，并测定其含水率。

4. 计　算

压力 p 下的膨胀率，应按式（6.8）计算。

$$\delta_{ep} = \frac{R_p + \lambda - R_0}{h_0} \times 100 \qquad (6.8)$$

式中　δ_{ep} ——压力 p 下的膨胀率，%；

　　　R_p ——压力 p 下膨胀稳定后的位移计读数，mm；

　　　R_0 ——加荷前的位移计读数，mm；

　　　λ ——压力 p 下的仪器压缩变形量，mm；

　　　h_0 ——试样的初始高度，mm。

6.4.2　无荷载膨胀率实验

1. 适用范围

本实验方法适用于测定原状土或扰动黏土在无荷载有侧限条件下的膨胀率。

2. 仪器设备

同有荷膨胀率试验。

3. 实验步骤

（1）按密度实验制备好试样。将烘干的透水板埋在切削下的碎土中 1 h，取出擦净，放入仪器中。用压环将环刀固定在底座上，将有孔盖板放在试样顶面。安装好测力计，记录初读数。

（2）自下而上向容器内注入纯水，并保持水面高出试样 5 mm。注水后每隔 2 h 测记位移计读数 1 次，直至 2 次读数差值不超过 0.01 mm 时，膨胀稳定，可终止测试。

（3）实验结束后，吸去容器中的水，取出试样，称试样质量，测定其含水率和密度，并计算孔隙比。

4. 计　算

（1）任一时间的膨胀率，应按式（6.9）计算。

$$\delta_e = \frac{R_t - R_0}{h_0} \times 100 \tag{6.9}$$

式中　δ_e ——时间为 t 时的无荷载膨胀率，%；

　　　R_t ——时间为 t 时的位移计读数，mm。

（2）绘制膨胀率与时间关系曲线。

6.5　膨胀力实验

膨胀力是指土体吸水膨胀时所产生的竖向应力。

6.5.1　适用范围

本实验方法适用于原状土和重塑土。原状土样和重塑土样在体积保持不变时，由于吸水膨胀而产生的最大竖向应力，采用加荷平衡法测定。

6.5.2　仪器设备

同有荷载膨胀率实验。

6.5.3　实验步骤

（1）试样制备与安装按 6.4.2 所列的实验步骤进行，并自下而上向容器注入纯水，保持水面高出试样顶面 5 mm。

（2）百分表开始顺时针转动时，表明试样开始膨胀，立即施加适当的平衡荷载，使百分表指针回到原位。

（3）当施加的平衡荷载足以使仪器产生变形时，在加下一级平衡荷载时，百分表指针应逆时针转动一个等于仪器变形量的数值。

（4）当试样在某级荷载下间隔 2 h 或更长时间不再膨胀时，表明试样在该级平衡荷载下达到稳定，允许膨胀量不应大于 0.01 mm，记录施加的平衡荷载。

（5）实验结束，吸去容器内水，卸除荷载，取出试样，称试样质量，并测定含水率。

6.5.4　计　算

膨胀力应按式（6.10）计算。

$$p_e = \frac{W}{A} \times 10 \qquad\qquad （6.10）$$

式中　P_e ——膨胀力，kPa；

　　　W ——施加在试样上的总平衡荷载，N；

　　　A ——试样面积，cm²。

第 7 章　土的动力性质实验

在土木工程中，除静荷载外，土体也会遇到天然振源或动荷载的作用。前者如地震、波浪、风荷载等，后者如车辆荷载、爆破、打桩、强夯、机器基础振动等。土体在这些动荷载的作用下，强度和变形性质受到影响，也可能发生破坏。但另一方面，也可以用动荷载对土层进行改良，如强夯法、换填垫层法、振实法等。本章主要介绍土的击实试验和动三轴试验。

7.1　击实实验

土的压实程度与含水率、压实功能和压实方法有密切的关系。对细粒土，当压实功能和压实方法不变时，开始时土的干密度随含水率增加而增加；当干密度达到某一最大值后，含水率继续增加反而使干密度减小。能使土达到最大密度的含水率，称为最优含水率 w_{op}，与其相对应的干密度称为最大干密度 ρ_{dmax}。

本实验的目的是测定试样在击实能量不变时的含水率与干密度的关系，从而确定土的最优含水率和最大干密度，为工程设计与施工提供填土质量控制参数。

土的击实是模拟工地压实条件，在一定动能量下，人工击实土样，使填土孔隙比减小，密度增大，强度提高，降低土的压缩性和透水性。

实验可分为轻型和重型两种。轻型击实实验适用于最大粒径小于 5 mm 的土料。重型击实实验适用于最大粒径为击实筒内径的 1/3 ~ 1/4 的土料。

以下介绍轻型击实仪。

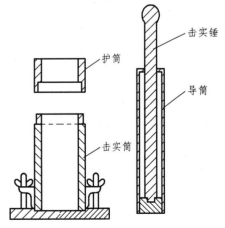

图 7.1　轻型击实仪结构图

7.1.1　仪器设备

（1）轻型击实仪：其结构见图 7.1。击实筒内径为 102 mm，高 116 mm。击锤质量 2.5 kg，落距 300 mm。

（2）台秤：称量 5 kg，最小分度值 1 g。

天平：称量 200 g，最小分度值 0.01 g。

（3）其他：喷水器、铝盒、烘箱、削土刀、筛等。

7.1.2 操作步骤

（1）土样制备。

取代表性土样风干，放在橡皮板用木碾碾散，过 5 mm 筛，测定风干土含水率。按土的塑限估计最优含水率，在最优含水率附近选择依次相差约2%的含水率制备一组土样（不少于5个，其中2个大于塑限，2个小于塑限）。所需加水量可按式（7.1）计算。

$$m_\mathrm{w} = \frac{m_\mathrm{w0}}{1+w_0} \times (w - w_0)$$ （7.1）

式中　m_w ——所需的加水量，g；

　　　m_w0 ——风干或烘干土样的质量，g；

　　　w_0 ——风干或烘干土样的含水率，%；

　　　w ——需求制备的含水率，%。

将预定水量加入各个试样中，拌和均匀，分别放入有盖的容器或塑料袋里静置不少于12 h。

（2）将击实仪放在坚实的地面上，安装好击实筒和护筒，内壁涂少许润滑油。称取制备好的土样 2.5 kg，分 3 层击实，每层放制备好的试样 600 g ~ 800 g。整平表面，击实 25 次，每层高度应近似相等，两层交界处用削土刀将土面刮毛。所用土样总量应使最后击实层面略微超过击实筒上口，但不超过 6 mm。击实时，采用均匀的速度作用到试样上。

（3）击实后，用手指压住击实后的试样表面，大幅度扭转护筒，将其稳稳卸下，以避免土样沾在护筒壁上一起被带走。

（4）用削土刀修平试样顶面，拆除底板（如试样底面超出筒外，也应修平）。擦净筒外壁，称筒与试样总质量。

（5）用推土器将试样从击实筒中推出，取 2 块代表性试样测定含水率。计算至0.1%，平行差值不得超过 1%。

（6）将每次需加水量洒在土样上，拌和均匀，或取制备好的另一组土样按（2）~（5）步骤进行不同含水率试样的击实实验。

7.1.3 计算及绘图

（1）按式（7.2）计算击实后各点的干密度。

$$\rho_\mathrm{d} = \frac{\rho}{1+w}$$ （7.2）

式中　ρ_d ——试样击实后的干密度，g/cm³，计算至 0.01 g/cm³；

　　　ρ ——试样击实后的湿密度，g/cm³；

　　　w ——含水率，%。

（2）以干密度 ρ_d 为纵坐标、含水率 w 为横坐标，绘制干密度与含水率关系曲线，见图7.2。曲线上峰值点的纵、横坐标分别表示该击实试样的最大干密度和最优含水率。若曲线不能绘出准确峰值点，应进行补点。

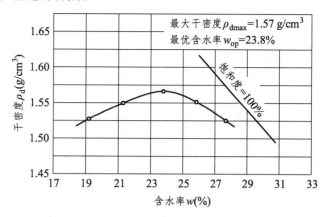

图 7.2　干密度与含水率关系曲线

7.2　振动三轴实验

7.2.1　实验目的

测定饱和土在动荷载作用下的应力、应变和孔隙水压力的变化过程，从而确定其在动力作用下的破坏强度、应变大于 10^{-4} 时的动弹性模量和阻尼比等动力特性指标。

7.2.2　实验原理

（1）动强度（液化）计算。

① 固结应力比：

$$K_c = \frac{\sigma'_{1c}}{\sigma'_{3c}} = \frac{\sigma_{1c} - u_0}{\sigma_{3c} - u_0}$$ （7.3）

式中　K_c——固结应力比；

　　　σ'_{1c}——有效轴向固结应力，kPa；

　　　σ'_{3c}——有效侧向固结应力，kPa；

　　　σ_{1c}——轴向固结应力，kPa；

　　　σ_{3c}——侧向固结应力，kPa；

　　　u_0——初始孔隙水压力，kPa。

② 初始剪应力比：

$$\alpha = \frac{\tau_0}{\sigma'_0}$$ （7.4）

$$\tau_0 = \frac{(K_c - 1)\sigma'_{3c}}{2} = \frac{1}{2}(\sigma_{1c} - \sigma_{3c}) \tag{7.5}$$

$$\sigma'_0 = \frac{(K_c + 1)\sigma'_{3c}}{2} = \frac{1}{2}(\sigma_{1c} + \sigma_{3c}) - u_0 \tag{7.6}$$

式中　α——初始剪应力比；

　　τ_0——振前试样 45°面上的剪应力，kPa；

　　σ'_0——振前试样 45°面上的有效法向应力，kPa。

③ 动应力：

$$\sigma_d = \frac{K_\sigma L_\sigma}{A_c} \times 10 \tag{7.7}$$

式中　σ_d——动应力（取初始值），kPa；

　　K_σ——动应力传感器标定系数，N/cm；

　　L_σ——动应力光点位移，cm；

　　A_c——试样固结后面积，cm^2；

　　10——单位换算系数。

④ 动应变：

$$\varepsilon_d = \frac{\Delta h_d}{h_c} \times 100\% \tag{7.8}$$

式中　ε_d——动应变，%。

　　h_c——固结后试样高度，cm。

　　Δh_d——动变形，$\Delta h_d = K_e L_e$，cm。

　　其中　K_e——动变形传感器标定系数，cm/cm；

　　　　　L_e——动变形光点位移，cm。

⑤ 动孔隙水压力：

$$u_d = K_u L_u \tag{7.9}$$

式中　u_d——动孔隙水压力，kPa；

　　K_u——动孔隙水压力传感器标定系数，kPa/cm；

　　I_u——动孔隙水压力光点位移，cm。

⑥ 动剪应力：

$$\tau_d = \frac{1}{2}\sigma_d \tag{7.10}$$

式中　τ_d——动剪应力，kPa。

⑦ 总剪应力：

$$\tau_{sd} = \frac{\sigma_{1c} - \sigma_{3c} + \sigma_d}{2} = \tau_0 + \tau_d \tag{7.11}$$

式中　τ_{sd}——总剪应力，kPa；

⑧ 液化应力比：

$$\frac{\tau_d}{\sigma'_0} = \frac{\sigma_d}{2\sigma'_0} \tag{7.12}$$

（2）以动剪应力为纵坐标，以破坏振次为横坐标，绘制不同固结比时不同侧压力下的动剪应力和振次关系曲线，如图 7.3 所示。

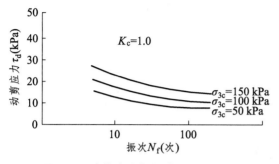

图 7.3　动剪应力与振次关系曲线　　　　图 7.4　总剪应力与有效法向应力关系曲线

（3）以振动破坏时试样 45°面上的总剪应力 $(\tau_0 + \tau_d)$ 为纵坐标，以振前试样 45°面上的有效法向应力为横坐标，绘制给定振次下，不同初始剪应力比时的总剪应力与有效法向应力关系曲线，如图 7.4 所示。

（4）以液化应力比为纵坐标，以破坏振次为横坐标，绘制不同固结应力比时的液化应力比与振次关系曲线，如图 7.5 所示。

5. 以动孔隙水压力比为纵坐标，以破坏振次为对数横坐标，绘制动孔隙水压力比与振次关系曲线，如图 7.6 所示。

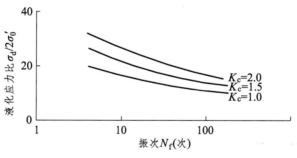

图 7.5　液化应力比与振次关系曲线

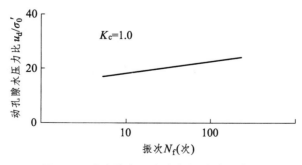

图 7.6　动孔隙水压力比与振次关系曲线

63

（6）动弹模量和阻尼比计算。

① 计算动弹性模量 E_d：

$$E_d = \frac{\sigma_d}{\varepsilon_d} \qquad (7.13)$$

式中 σ_d —— 动应力，kPa；

ε_d —— 动应变，%。

② 计算阻尼比 λ_d：

$$\lambda_d = \frac{1}{4\pi} \cdot \frac{A}{A_s} \qquad (7.14)$$

式中 A_s —— 滞回圈 $ABCDA$ 的面积，cm^2，如图 7.7 所示。

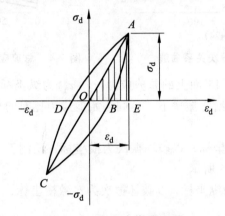

图 7.7 应力应变滞回圈

③ 以阻尼比为纵坐标，以动应变为横坐标，绘制不同固结应力的阻尼比与动应变关系曲线，如图 7.8 所示。

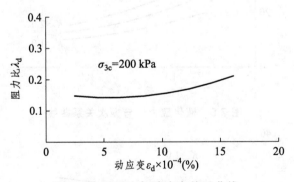

图 7.8 阻尼比与动应变关系曲线

7.2.3 实验仪器

（1）电动-液压式振动三轴仪（图 7.9），包括：气、水控制系统；竖向加载及三轴压力室；围压加载系统；油压泵；电子测量及控制系统。

图 7.9 电动-液压式振动三轴仪

（2）附属设备。天平：称量 200 g，最小分度值 0.01 g；称量 500 g，最小分度值 0.1 g 等。

7.2.4　操作步骤

1．试样制备

（1）本实验采用的试样直径为 35 mm、50 mm 和 70 mm，高度以试样直径的 2~2.5 倍为宜。

（2）原状试样、扰动试样、砂土试样的制备分别按相应规定进行。

（3）对填土宜模拟现场状态用密度控制。

（4）对天然地基宜用原状试样。

2．试样饱和

抽气饱和、水头饱和、二氧化碳饱和、反压力饱和分别按相应的规定进行。

3．试样安装

（1）打开供水阀，使试样底座充水排气，当溢出的水不含气泡时，按规定安装试样。

（2）砂样安装在试样制备过程中完成。

4．试样固结

（1）等向固结。先对试样施加 20 kPa 的侧压力，然后逐级施加均等的侧向压力和轴向压力，直到侧向压力和轴向压力相等并达到预定压力。

（2）不等向固结。应在等向固结变形稳定后，逐级增加轴向压力，直到预定的轴向压力。加压时勿使试样产生过大的变形。

（3）对施加反压力的试样，按相应的规定施加反压力。

（4）施加压力后打开排水阀或体变管阀和反压力阀，使试样排水固结。固结稳定标准：对黏土和粉土试样，1 h 内固结排水量变化不大于 0.1 cm³；砂土试样等向固结时，关闭排水阀后 5 min 内孔隙压力不上升；不等向固结时，5 min 内轴向变形不大于 0.005 mm。

（5）固结完成后关排水阀，并计算振前干密度。

5. 动强度实验

（1）系统调零。

① 打开各电子控制和测量单元的开关，使仪器处于工作状态。

② 旋转电子测量系统的各个调零电位器，使相应的轴向力、轴向位移、周围压力值、孔隙压力值为零。

（2）振动实验。

① 旋转竖向压力控制器的"静态压力控制旋钮"使激振器与三轴轴向压力杆连接。

② 在信号控制器中选择实验类型、波型、振动频率。

③ 对光线示波器和 X-Y 记录仪进行标定，按"开始"按钮进行实验。

（3）实验结束，卸去压力，拆除试样，描述试样破坏形状，称试样质量。

（4）按规定用 3 个 ~ 4 个试样进行实验。

（5）利用数据处理程序、计算机进行数据处理、绘图、汇总结果。

（6）动弹性模量和阻尼比。

① 仪器的操作按规定进行。

② 选择动力大小。在不排水条件下对试样施加动应力，测记动应力、动应变和动孔隙水压力，绘制动应力和动应变滞回圈，直到预定振次时停机，拆样。

③ 同一干密度的试样，在同一固结应力比下，应在 1 个 ~ 3 个不同的侧压力下实验。每一侧压力，宜用 5 个 ~ 6 个试样，改变 5 级 ~ 6 级动力，按规定进行实验。

7.2.5 资料整理

参见本节实验原理部分。

第 8 章　土工原位测试实验

确定地基承载力最可靠的方法是在现场对地基土进行直接测试，即原位测试方法。

8.1　原位密度实验

8.1.1　实验目的和适用范围

原位密度实验的主要目的是测定原位土的密度及干密度，对填方工程进行施工质量控制。

原位密度实验方法有环刀法、灌砂法、灌水法、核子射线法等。

灌砂法、灌水法适用于砾类填土；环刀法、核子射线法适用于细粒土。

8.1.2　灌砂法

1. 仪器设备

（1）灌砂法密度试验仪，包括漏斗、漏斗架、防风筒、套环等。

（2）台秤：称量 10 kg，分度值为 5 g；称量 50 kg；分度值为 10 g。

（3）量砂：粒径 0.25 mm～0.5 mm 的干燥清洁标准砂 10 kg～40 kg。

（4）其他：量砂容器（有盖）、直尺、铲土工具等。

2. 操作步骤（用套环）

（1）在实验地点，将面积约 40 cm×40 cm 的一块地面铲平。

（2）称盛量砂的容器加量砂的质量。将仪器放在整平的地面上，用固定器将套环固定。开漏斗阀，将量砂经漏斗灌入套环内。待套环灌满后，拿掉漏斗、漏斗架及防风筒（无风可不用防风筒），用直尺刮平套环上砂面，使与套环边缘齐平。将刮下的量砂细心倒回量砂容器，不得丢失。称量砂容器加第 1 次剩余量砂质量。

（3）将套环内的量砂取出，称量，倒回量砂容器内。

（4）在套环内挖试坑，其大致尺寸如表 8.1 所示。

表 8.1 试坑尺寸与相应的最大粒径

试样最大粒径（mm）	试坑尺寸	
	直径（mm）	深度（mm）
5（20）	150	200
40	200	250
60	250	300
200	800	1 000

挖坑时要特别小心，将已松动的试样全部取出。放入盛试样的容器内，将盖盖好，称容器加试样质量，并取代表性试样，测定含水率。

（5）在套环上重新装上防风筒、漏斗架及漏斗。将量砂经漏斗灌入试坑内，量砂下落速度应大致相等，直至灌满套环。

（6）去掉漏斗、漏斗架及防风筒，用直尺刮平套环上的砂面，使与套环边缘齐平。刮下的量砂全部倒回量砂容器内，不得丢失。称量砂容器加第 2 次剩余量砂质量。

注：量砂的湿度发生变化或混有杂质时，应充分风干过筛后再可使用；试坑中有较大空隙时，量砂可能进入，应按试坑外形，松弛地放入一层柔软的纱布，然后再进行灌砂。

3. 操作步骤（不用套环）

（1）按本节操作步骤（用套环）（1）的规定准备实验地点，在刮平的地面上按表 8.1 规定挖坑。

（2）称盛量砂容器加量砂质量，在试坑上放置防风筒和漏斗，将量砂经漏斗灌入试坑内。量砂下落速度应大致相等，直至灌满试坑。

（3）试坑灌满量砂后，去掉漏斗及防风筒，用直尺刮平量砂表面，使与原地面齐平。将多余的量砂倒回量砂容器，称量砂容器加剩余量砂质量。

4. 计 算

（1）按下列两式计算湿密度及干密度。

对套环法：

$$\rho = \frac{(m_4 - m_6) - (m_1 - m_2 - m_3)}{\dfrac{m_2 + m_3 - m_5}{\rho_n} - \dfrac{m_1 - m_2}{\rho_n'}} \tag{8.1}$$

不用套环法：

$$\rho = \frac{(m_4 - m_6)}{\dfrac{m_1 - m_7}{\rho_n}} \tag{8.2}$$

式中 ρ ——湿密度，g/cm^3，计算至 0.01 g/cm^3。

m_1 ——量砂容器原有量砂质量，g；

m_2 ——量砂容器加第 1 次剩余量砂质量，g；

m_3 ——从套环中取出的量砂质量，g；

m_4 ——试样容器加试样质量（包括少量遗留砂质量），g；

m_5 ——量砂容器加第 2 次剩余量砂质量，g；

m_6 ——试样容器质量，g；

m_7 ——量砂容器加剩余量砂质量，g；

ρ_n ——往试坑内灌砂时量砂的平均密度，g/cm³；

ρ'_n ——挖试坑前，往套环内灌砂时量砂的平均密度，g/cm³。经量砂密度校验证明 ρ_n 与 ρ'_n 相差很小时，式中 ρ'_n 可用 ρ_n 代替。

（2）按式（8.3）计算干密度。

$$\rho_d = \frac{\rho}{1 + 0.1w} \tag{8.3}$$

式中　ρ_d ——干密度，g/cm³，准确至 0.01 g/cm³；

　　　w ——含水率，%；

本试验需进行 2 次平行测定，取其算术平均值。

8.1.3　灌水法

1. 仪器设备

（1）储水筒：直径应均匀，并附有刻度。

（2）台秤：称量 10 kg，分度值 5 g；称量 50 kg，分度值 10 g。

（3）薄膜：聚乙烯塑料薄膜。

（4）其他：铲土工具、水准尺、直尺等。

2. 操作步骤

（1）将测点处的地面整平，并用水准尺检查。

（2）按表 8.1 的规定确定试坑尺寸。按确定的试坑直径划出坑口轮廓线，在轮廓线内下挖至要求的深度。将坑内的试样装入盛土容器内，称试样质量。取有代表性的试样测定含水率。

（3）试坑挖好后，放上相应尺寸的套环，并用水准尺找平。将大于试坑容积的塑料薄膜沿坑底、坑壁紧密相贴。

（4）记录储水筒内初始水位高度，拧开储水筒内的注水开关，将水缓慢注入塑料薄膜中。当水面接近套环上边缘时，将水流调小，直至水面与套环上边缘齐平时关注水开关，不应使套环内的水溢出。持续 3 min ~ 5 min，记录储水筒内水位高度。

3. 计　算

（1）计算试坑体积。

$$V = (H_2 - H_1)A_w - V_s \tag{8.4}$$

式中　V ——试坑体积，cm^3；

　　　　H_1 ——储水筒内初始水位高度，cm；

　　　　H_2 ——储水筒内注水终了时水位高度，cm；

　　　　A_w ——储水筒断面面积，cm^2；

　　　　V_s ——套环体积，cm^3。

（2）计算湿密度及干密度。

$$\rho = \frac{m}{V} \tag{8.5}$$

$$\rho_d = \frac{\rho}{1 + 0.01w} \tag{8.6}$$

式中　m ——取自试坑内的试样质量，g；

　　　　w ——试坑中土的含水率，%。

　　ρ_d 准确至 0.01 g/cm^3。

（3）本试验需进行 2 次平行测定，取算术平均值。

8.2　载荷实验

8.2.1　实验目的和使用范围

（1）载荷实验包括平板载荷实验和螺旋板载荷实验（学生做平板载荷实验），它是在一定面积的承压板上向地基土逐级施加荷载，量测地基土承受压力发生沉降的原位试验。其成果一般用于评价地基土的承载力，也可用于计算地基土的变形模量。

（2）平板载荷实验适用于各类地基土。它所反映的是相当于承压板下 1.5 倍～2.0 倍承压板直径（或宽度）的深度范围内地基土的强度、变形的综合性状。

8.2.2　仪器设备

（1）承压板：应具有足够的厚度和刚度。一般采用圆形或正方形钢质板，也可采用现浇或预制混凝土板。面积可采用 0.25 m^2～1.0 m^2。

（2）加荷及稳定系统：包括压力源、反力装置、加荷千斤顶、高压油泵。

（3）量测系统：百分表或其他自动观测装置。

8.2.3　操作步骤

（1）选取有代表性的地点，整平场地，开挖试坑。试坑底面宽度不小于承压板直径（或宽度）的 3 倍。实验前应保持试坑土层的天然状态。在开挖试坑及安装设备中，应将坑内地下水位降至实验标高以下，并防止因降低地下水位而可能产生破坏土体的现象。实验前应在试坑边取原状土样 2 个，以测定土的含水率和密度。

（2）设备安装次序与要求如下：

① 安装承压板。在承压板与土层接触处，应铺设厚度不超过 20 mm 厚的中砂或粗砂并找平，以确保承压板水平并与土层均匀接触。

② 安放载荷台架或加荷千斤顶反力构架，其中心应与承压板中心一致。

③ 安装沉降观测装置。基准点应设在不受变形影响的位置处。沉降观测点应对称设置。

（3）荷载一般按等量分级施加，不应少于 8 级，最大加载量不应小于设计要求值的 2 倍。每级荷载增量为预估实验极限荷载的 1/8～1/10。当不易预估其极限荷载时，可按表 8.2 所列增量选用。

表 8.2　荷载增量表

实验土层特征	每级荷载增量（kPa）
淤泥、流塑状黏质土、松散砂土	≤15
软塑状黏质土、粉土、稍密的砂土	15～25
可塑—硬塑状黏性土、粉土、中密砂土	25～100
坚硬的黏性土、密实砂、碎石类土、软岩石	50～200

（4）稳定标准：每级加荷后，按间隔 0、10 min、10 min、10 min、15 min、15 min，以后每隔 30 min 观测 1 次沉降量，直至连续 2 h 内每 1 h 沉降量均小于 0.1 mm 时，认为沉降已趋稳定，随即施加下一级荷载。

（5）实验结束条件：当出现下列情况之一时，即可终止实验。

① 某级荷载下，沉降急剧增加，承压板周围出现裂缝和明显隆起。

② 某级荷载下，持续 24 h 沉降速率不能达到稳定。

③ 沉降量急剧增大，荷载-沉降（p-S）曲线出现陡降段，本级荷载下沉降量大于前一级荷载沉降量的 5 倍。

④ $S/b \geqslant 0.06$，b 为压板尺寸。

（6）卸载时，每级卸载量可为加载增量的 2 倍，每隔 15 min 观测 1 次。荷载安全卸除后，应继续观测 3 h。

8.2.4　计算和制图

（1）绘制 p-S 和 S-t 曲线。p 坐标单位为 kPa，S 坐标单位为 mm。

（2）特征值的确定。

当曲线具有明显直线段及转折点时，一般以转折点所对应的压力定为临塑荷载值（比例界限值）。

（3）承载力特征值 f_a 的确定。

比例界限明确时，取该比例界限所对应的荷载值，即 $f_a = p_f$。

当极限荷载能确定时（且该值小于比例界限荷载值 1.5 倍时），取极限荷载值的一半，即 $f_a = p_l / 2$。

以沉降标准取值：对低压缩性土和砂土，取 $S = (0.01 \sim 0.015)b$ 对应的荷载值；对高压缩性土，取 $S = 0.02b$ 对应的荷载值。

（4）按下列两式计算变形模量：

$$E_0 = 0.79(1 - \mu^2)d\frac{p}{S} \text{（承压板为圆形）} \tag{8.7}$$

$$E_0 = 0.89(1 - \mu^2)a\frac{p}{S} \text{（承压板为方形）} \tag{8.8}$$

式中　E_0——实验土层的变形模量，kPa；

p——施加的压力，kPa；

S——对应于施加压力的沉降量，cm；

d——承压板的直径，cm；

a——承压板的边长，cm；

μ——泊松比。

8.3　静力触探实验

8.3.1　实验目的

静力触探是岩土工程勘察中的一项原位测试方法，它是将圆锥形探头按一定速率匀速压入土中，量测其贯入阻力（锥头阻力、侧壁摩阻力）可用于：

（1）划分土层，判定土层类别，查明软、硬夹层及土层在水平和垂直方向的均匀性。

（2）评价地基土的工程特性（容许承载力、压缩性质、不排水抗剪强度、水平向固结系数、饱和砂土液化势、砂土密实度等）。

（3）探寻和确定桩基持力层，预估打入桩的沉桩可能性和单桩承载力。

（4）检验人工填土的密实度及地基加固效果。

8.3.2　实验原理

静力触探是采用静力触探仪，通过机械传动方法，把带有圆锥形探头的钻杆压入土中。由于土层中各层土的状态和密度不同，探头所受阻力不同，传感器将大小不同的贯入阻力转换成电信号，借助电缆传送到记录仪。通过贯入阻力与土的工程地质特性之间的定性关系和统计它们的相关关系，来实现获取土层类别、提供浅基础的承载力、选择桩尖持力层和预估桩尖承载力等。

1. 原始数据的处理

（1）零点读数：当有零点漂移时，一般按回零段内以线性内插法进行校正，校正值等于读数值减零读数内插值。

（2）记录深度与实际深度有误差时，应按线性内插法进行调整。

2. 计算和制图

按下列公式分别计算比贯入阻力 p_s、锥头阻力 q_c、侧壁摩阻力 f_s、摩阻比 F 及孔隙水压力 u。

$$p_s = k_p \varepsilon_p \tag{8.9}$$

$$q_c = k_q \varepsilon_q \tag{8.10}$$

$$f_s = k_f \varepsilon_f \tag{8.11}$$

$$F = \frac{f_s}{q_c} \tag{8.12}$$

$$u = k_u \varepsilon_u \tag{8.13}$$

式中　　k_p，k_q，k_f，k_u——p_s，q_c，f_s，u 对应的率定系数，MPa/με；

　　　　ε_p，ε_q，ε_f，ε_u——单桥探头、双桥探头、摩擦筒及孔压探头传感器的应变量或输出电压，με。

8.3.3　实验仪器

（1）触探主机，如图 8.1 所示。

图 8.1　静力触探仪

（2）反力装置。

（3）探头：探头的结构按功能分为单桥探头、双桥探头和孔压探头。

（4）探杆。

（5）量测仪器。

（6）其他：水准尺、管钳等工具。

8.3.4　操作步骤

（1）平整实验场地，设置反力装置。将触探主机对准孔位，调平机座（用分度值为 1 mm 的水准尺校准），并紧固在反力装置上。

（2）将已穿入探杆内的传感器引线按要求接到量测仪器上，打开电源开关，预热并调试到正常工作状态。

（3）贯入前应试压探头，检查顶柱、锥头、摩擦筒等部件工作是否正常。正常后将连接探头的探杆插入导向器内，调整垂直并紧固导向装置，必须保证探头垂直贯入土中。启动动力设备并调整到正常工作状态。

（4）采用自动记录仪时，应安装深度转换装置，并检查卷纸机构运转是否正常；采用电阻应变仪或数字测力仪时，应设置深度标尺。

确定实验前的初读数：将探头压入地表下 0.5 m 左右，经过一段时间后提升 10 ~ 20 cm，使探头在不受压状态下与地温平衡，此时仪器上的读数为实验开始时的初读数。

（5）将探头按（1.2 ± 0.3）m/min 匀速贯入土中，一般每贯入 10 cm 读 1 次微应变，也可根据土层情况增减，但不能超过 20 cm。在无应力状态下，待探头温度与地温平衡后（仪器零位基本稳定），将仪器调零或记录初读数，即可进行正常贯入。在深度 6 m 内，一般每贯入 1 m ~ 2 m，应提升探头 5 cm ~ 10 cm 检查回零情况，以校核贯入过程初读数的变化情况。当出现异常时，应检查原因及时处理。

（6）贯入过程中，当采用自动记录时，应根据贯入阻力大小合理选用供桥电压，并随时核对，校正深度记录误差，做好记录。使用电阻应变仪或数字测力计时，一般每隔 0.1 m ~ 0.2 m 记录读数 1 次。

（7）当测定孔隙水压力消散时，应在预定的深度或土层停止贯入，并按适当的时间间隔或自动测读孔隙水压力消散值，直至基本稳定。

（8）当贯入到预定深度或出现下列情况之一时，应停止贯入。

触探主机达到额定贯入力，探头阻力达到最大容许压力；

反力装置失效；

发现探杆弯曲已达到不能容许的程度。

（9）实验结束后应及时起拨探杆，并记录仪器的回零情况。

注意：接、卸钻杆时切勿使已入土的钻杆转动，以防接头处电缆被扭断，同时防止电缆受拉，以免拉断或破坏密封装置。

8.3.5　资料整理

参见本节实验原理部分。最后绘制静力触探曲线，如图 8.2 所示。

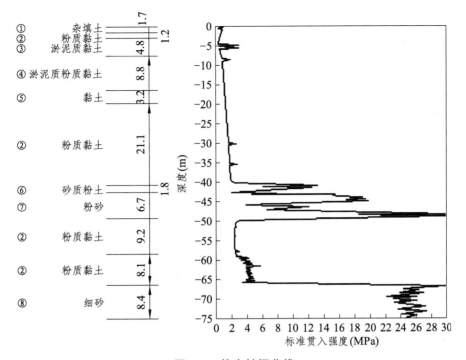

图 8.2　静力触探曲线

8.4　十字板剪切实验

十字板剪切实验是现场测定土抗剪强度的最常用的方法。

试验时，用插入软黏土中的十字板头，以一定的速率旋转，测出土的抵抗力矩，换算成抗剪强度。

十字板剪切实验按力的传递方式分为电测式和机械式两类。

8.4.1　适用范围

本方法适用于地基为软弱的、难于取样及高灵敏度的饱和黏土土层。

8.4.2　仪器设备

以机械式十字板剪切仪为例，由十字板头、钻杆和扭力装置组成（图 8.3）。

8.4.3　试验步骤

（1）打入套管至测点以上 750 mm 处，并清除套管内残留土。

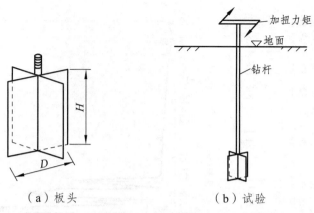

（a）板头   （b）试验

图 8.3　十字板试验

（2）为避免实验土层受扰动，一般使用有孔螺旋钻清孔。

（3）将十字板头、轴杆、钻杆逐节接好用管钳拧紧，然后下放孔内至十字板头与孔底接触。

（4）将底座穿过导杆固定在套管上，用制紧螺丝拧紧，然后将十字板头徐徐压至实测深度。当实测深度处为较硬夹层时，应穿过夹层进行测试。

（5）套上传动部件，转动底板使导杆键槽与钢环固定夹键槽对正，用锁紧螺丝将固定套与底座锁紧。再转动手摇柄使特制键自由落入键槽，将指针对准任何一整数刻度，装上百分表并调至零位。

（6）试验开始，以 0.1°/s 的转速转动手摇柄，同时开启秒表，每转 1°测记百分表读数 1 次。当读数出现峰值或稳定值后，再继续旋转测读 1 min。其峰值读数或稳定值读数即为原状土剪切破坏时量表最大读数 R_y。

（7）拔出特制键，在导杆上端装上旋转手柄，顺时针方向转动 6 圈，使十字板头周围土充分扰动。取下旋转手柄，然后插上特制键，测记重塑土剪切破坏时量表最大读数 R_e。

（8）试验完毕，逐节提取钻杆和十字板头，清洗干净十字板头，检查各部件完好程度。

8.4.4　计算和绘图

按下列公式计算十字板剪切强度 c_u、c_u' 并绘图：

$$c_u = 10KC(R_y - R_g) \tag{8.14}$$

$$c_u' = 10KC(R_e - R_g) \tag{8.15}$$

$$K = \frac{2L}{\pi D^2 H\left(1 + \dfrac{D}{3H}\right)} \tag{8.16}$$

式中　c_u ——原状土抗剪强度，kPa；

$\quad\quad c_u'$ ——重塑土抗剪强度，kPa；

$\quad\quad R_g$ ——轴杆和钻杆与土摩擦时的量表最大读数，mm；

$\quad\quad L$ ——率定时的力臂长，cm；

C —— 钢环系数，N/mm；

K —— 与十字板头尺寸有关的常数，cm^{-2}；

D —— 十字板头直径，cm；

H —— 十字板头高度，cm。

参考文献

[1]　国家标准. GB/T 50123—1999 土工试验方法标准[S]. 北京：中国计划出版社，1999.

[2]　水利部. SL 237—1999 土工试验规程[S]. 北京：中国水利水电出版社，1999.

[3]　交通部. JTG E40—2007 公路土工试验规程[S]. 北京：人民交通出版社，2007.

[4]　刘成宇. 土力学[M]. 北京：中国铁道出版社，1999.

[5]　陈希哲. 土力学地基基础[M]. 北京：清华大学出版社，2007.

土力学实验手册

院系_____

班级_____

姓名_____

学号_____

年　　月

学生实验注意事项

1. 学生实验前应认真预习实验教程，明确实验目的、实验原理、实验方法和步骤。

2. 预习与本次实验有关的基本原理和其他有关参考资料。

3. 必须在规定或预约时间内按时前来实验室完成实验。

4. 进入实验室后不得大声喧哗，每个学生必须在签到名单上签到。

5. 实验中认真思考、独立操作，小组成员要做好分工协作。

6. 认真听取指导教师讲解，实验过程中如有问题，需举手询问指导教师。

7. 应有严格的科学作风，认真细致地按照实验方法和步骤进行操作。

8. 原始记录应随时填写在实验手册上，并随时检查实验结果的准确性。

9. 爱护公共财物，注意安全。不得使用与本次实验无关的仪器设备或任意扳动电闸开关。

10. 实验完毕后将仪器擦洗干净，并将室内卫生清扫合格，经指导教师检查签字后方可离开实验室。

实验报告要求

实验报告是实验者最后交出的实验成果，是实验资料的总结。通过完成实验报告，可以提高分析问题的能力，因此必须独立完成。本课程实验报告一律使用与之相配套的土力学实验手册，要求整洁清楚，要有分析和自己的观点，并进行讨论。

实验报告一般应包括以下内容：

1. 实验名称、实验日期。

2. 实验目的、实验所用设备、仪器、仪表、工具，并注明其型号。

3. 实验方法及步骤，扼要说明实验的基本原理。

4. 整理实验原始数据要注意有效位数的运算法则，不能虚构精度及实验结果。

5. 对实测数据进行整理，计算出实验结果，必要时要用图表表达实验结果。

6. 分析计算出的结果。如有误差，分析误差原因，指出实验中存在的问题，提出进一步的改进措施，根据基本原理进行分析。如实验涉及的问题有理论值，则应与计算结果进行比较，并提出见解。

目　录

密度实验（环刀法）

班级_____ 第_____实验小组 姓名_____

试验日期	土样编号	环刀号码	环刀+土质量（g）（1）	环刀质量（g）（2）	土质量（g）（3）	环刀体积（cm³）（4）	密度（g/cm³）（5）	平均密度（g/cm³）	备注
					(1)－(2)		$\frac{(3)}{(4)}$		

含水率实验（烘干法）

班级_____ 第_____实验小组 姓名_____

试验日期	土样编号	铝盒号码	盒+湿土质量（g）（1）	盒+干土质量（g）（2）	盒质量（g）（3）	水质量（g）（4）	干土质量（g）（5）	含水率（%）（6）	平均含水率（%）	备注
						(1)－(2)	(2)－(3)	$\frac{(4)}{(5)}\times100\%$		

土粒比重实验（比重瓶法）

班级＿＿＿＿＿＿＿＿　　　第＿＿＿＿实验小组　　　姓名＿＿＿＿＿＿

试验日期	土样编号	比重瓶号	干土质量（g）	瓶+水+土质量（g）	瓶+水质量（g）	排开水质量（g）	温度（°C）	比重	平均比重	备注
			（1）	（2）	（3）	（4）				
						$(1)+(3)-(2)$		$\dfrac{(1)\rho_{wt\,°C}}{(4)\rho_{w4\,°C}}$		

2

筛析实验

班级_____   第_____实验小组   姓名_____

孔径 （mm）	留筛土质量 （g）	小于该孔径的土质量 （g）	小于该孔径的土质量百分数 （%）
底盘总计			

土样总质量：   筛分损失：

土样名称：

土样级配情况：

颗粒分析实验（密度计法）

班级＿＿＿＿＿＿＿＿＿   第＿＿＿＿＿＿＿实验小组   姓 名＿＿＿＿＿＿＿＿

小于 0.075 mm 干土质量＿＿＿＿＿＿＿＿＿   比重计号＿＿＿＿＿＿＿＿＿

试样处理＿＿＿＿＿＿＿＿＿   量筒号＿＿＿＿＿＿＿＿＿

土粒比重＿＿＿＿＿＿＿＿＿   比重校正系数＿＿＿＿＿＿＿

下沉时间 t (min)	悬液温度 T (°C)	比重计读数			有效沉降距离 L (mm)	粒径 d (mm)	小于某孔径的土质量百分数 (%)
		比重计读数 R	温度校正值 m	分散剂校正值 C_D			

分析成果表

粒组（mm）	0.075～0.05	0.05～0.005	<0.005
含量（%）			
合计			
土粒名称			

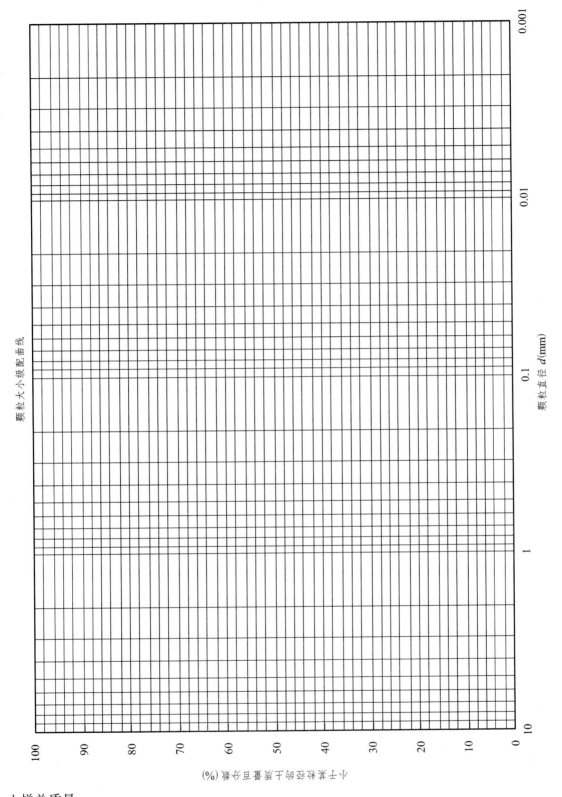

颗粒大小级配曲线

颗粒直径 d (mm)

小于某粒径的土质量百分数 (%)

土样总质量：

土样名称：

土样级配情况：$C_u=$

$C_c=$

对土样进行评价：

相对密度试验

班级 _____ 第 _____ 实验小组 _____ 姓名 _____

实验项目	实验方法	最小干密度 ρ_{dmin} 漏斗法		最大干密度 ρ_{dmax} 振击法		备注
试样+容器质量 (g)	(1)					
容器质量 (g)	(2)					
试样质量 (g)	(3) = (1) - (2)					
试样体积 (cm³)	(4)					
干密度 (g/cm³)	(5) = (3) ÷ (4)					
平均干密度 (g/cm³)	(6)					
土粒比重 G_s	(7)					
孔隙比 e	(8)					
天然干密度 ρ_d (g/cm³)	(9)					
天然孔隙比 e_0	(10)					
相对密度 D_r	$\dfrac{(\rho_d - \rho_{dmin})\rho_{dmax}}{\rho_d(\rho_{dmax} - \rho_{dmin})}$					

土的物理性质实验小结

固结实验

班级＿＿＿＿＿＿＿＿＿＿　　第＿＿＿＿＿＿实验小组　　姓名＿＿＿＿＿＿＿＿＿

试样情况	环刀+土质量 (g)	环刀质量 (g)	土样原高 (cm)	土样颗粒高度 (cm)	含水率 (%)	密度 (g/cm³)	孔隙比 e_0	U_t (%)
实验前								
初读数(mm)	压力（kPa）							
	50	100	200	300	400			
经过时间	读数(mm)	读数(mm)	读数(mm)	读数(mm)	读数(mm)			
15 s								
1 min								
2 min								
4 min								
6 min								
10 min								
12 min								
16 min								
22 min								
该级压力变形量 N_i（mm）								
仪器变形量（mm）								
总变形量 S_i（mm）								
稳定后孔隙比 e_i								

t(min)

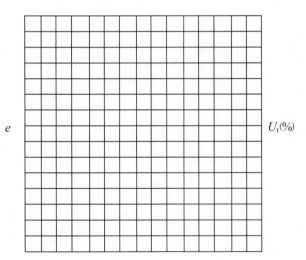

e

p(kPa)

$a_{1-2}=$

U_t(%)

$E_{s(1-2)}=$

10

砂的直接剪切实验

班级＿＿＿＿＿＿＿＿＿　　　　砂样编号＿＿＿＿＿＿＿＿＿　　　　第＿＿＿＿＿＿实验小组

砂样说明＿＿＿＿＿＿＿＿＿　　　　　　　　　　　　　　姓名＿＿＿＿＿＿＿＿＿

仪器编号					
测力环号码					
垂直压力 p(kPa)					
测力环率定系数(kPa/0.01 mm)					
测微表最大读数 R(0.01 mm)					
抗剪强度 τ (kPa)					
比重 G_s					
干密度 ρ_d (g/cm³)					
孔隙比 $e = \dfrac{G_s}{\rho_d} - 1$					

τ(kPa)

$\varphi =$ ＿＿＿＿＿＿

p(kPa)

静力三轴压缩实验

实验方法 _____

剪切速率 _____ mm/min 　　试样面积 $A=$ _____ cm²　　$\sigma_3=$ _____ kPa　　$\sigma_3=$ _____ kPa

测力环率定系数 $K=$ _____ N/0.01 mm

试样高度 $h=$ _____ mm

轴向变形读数 Δh_1 (1/100 mm)	轴向应变 $\varepsilon=\dfrac{\Delta h_1}{h}\times100$ (%)	试样校正后面积 $A_a=\dfrac{A}{1-\varepsilon}$ (cm²)	$\sigma_3=$ kPa 测力环量表读数 R (1/100 mm)	主应力差 $\sigma_1-\sigma_3=10\times\dfrac{KR}{A_a}$ (kPa)	大主应力 $\sigma_1=(\sigma_1-\sigma_3)+\sigma_3$ (kPa)	$\sigma_3=$ kPa 测力环时表读数 R (1/100 mm)	主应力差 $\sigma_1-\sigma_3=10\times\dfrac{KR}{A_a}$ (kPa)	大主应力 $\sigma_1=(\sigma_1-\sigma_3)+\sigma_3$ (kPa)	试样破损情况的描述
0									
20									
60									
100									
170									
210									
300									
350									
420									
500									
550									
600									
700									
850									
1 000									
1 160									
1 250									
1 400									
1 600									

1. 绘制轴向应力与轴向应变关系曲线。

2. 绘制抗剪强度曲线。

3. 确定 c、φ 值。

无侧限抗压强度实验

班级_____　　第_____实验小组　　姓名_____　　日期_____

实验前试样高度 $h_0 =$	mm	
实验前试样直径 $D_0 =$	cm	
实验前试样面积 $A_0 =$	cm²	$q_u =$
试样质量 $m =$	g	
试样密度 $\rho =$	g/cm³	试样
手轮每转一周螺杆上升高度 $\Delta L =$	mm	破坏情况
测力环率定系数 $K =$	N/0.01 mm	

手轮转数 n	测力环表读数 R (0.01 mm)	轴向变形 Δh (0.01 mm)	轴向应变 ε (%)	校正后面积 A_a (cm²)	轴向荷重 P (N)	轴向应力 σ (kPa)
(1)	（2）	（3）	（4）	（5）	（6）	（7）
		$(1) \times \Delta L - (2)$	$\dfrac{(3)}{h_0} \times 100$	$\dfrac{A_0}{1-(4)}$	$K \times (2)$	$\dfrac{(6)}{(5)} \times 10$

1. 绘制轴向应力与轴向应变关系曲线。

2. 求 q_u 的值。

3. 对土样进行评价。

CBR 实验记录（贯入）

试样制备方法 _____ 荷载板质量 _____ g 试样最大直径 _____ mm

试样状态 _____ 贯入速度 _____ mm/min 实验日期 _____

测力环率定系数 K= _____ kPa / 0.01mm 班级 _____ 第____ 实验小组 姓名 _____

试件编号

量表 I 读数 （0.01 mm） (1)	量表 II 读数 （0.01 mm） (2)	平均读数 （0.01 mm） $(3)=\dfrac{(1)+(2)}{2}$	测力环表读数 （0.01 mm） (4)	单位压力 （kPa） $(5)=(4)\dfrac{K}{A}$
CBR$_{2.5}$ =		%		
CBR$_{5.0}$ =		%		
CBR =		%		

试件编号

量表 I 读数 （0.01 mm） (1)	量表 II 读数 （0.01 mm） (2)	平均读数 （0.01 mm） $(3)=\dfrac{(1)+(2)}{2}$	测力环表读数 （0.01 mm） (4)	单位压力 （kPa） $(5)=(4)\dfrac{K}{A}$
CBR$_{2.5}$ =		%		
CBR$_{5.0}$ =		%		
CBR =		%		

平均 CBR = _____ %

1. 绘制单位压力与贯入量的关系曲线。

2. 确定承载比值。

回弹模量试验记录

班级_____　　　　第_____实验小组　　姓名_____

加载级数	单位压力(kPa)	砝码重力(N)或测力计读数(0.01 mm)	量表读数						回弹变形		回弹模量(kPa)
			加载			卸载			读数值	修正值	
			左	右	平均	左	右	平均			

绘制单位压力与回弹变形（*p-l*）的关系曲线。

土的力学性质实验小结

界限含水率实验记录（液塑限联合测定法）

班级＿＿＿＿＿＿＿＿＿　　　　第＿＿＿＿＿＿实验小组　　　姓名＿＿＿＿＿＿

试样编号	圆锥下沉深度(mm)	盒号	湿土质量(g)	干土质量(g)	含水率(%)	平均含水率(%)	液限(%)	塑限(%)	塑性指数
			（1）	（2）	$(3)=\left[\dfrac{(1)}{(2)}-1\right]\times100$	（1）	（4）	（5）	$(6)=(4)-(5)$

液限测定实验

班级_____   第_____实验小组   姓名_____

试验日期	土样编号	环刀号码	盒+湿土质量 (g)	盒+干土质量 (g)	盒质量 (g)	水质量 (g)	干土质量 (g)	液限 (%)	液限平均值 (%)	备注
			（1）	（2）	（3）	（4）	（5）	（6）		
						(1)－(2)	(2)－(3)	$\frac{(4)}{(5)}\times100$		

塑限测定实验

班级_____   第_____实验小组   姓名_____

试验日期	土样编号	环刀号码	盒+湿土质量 (g)	盒+干土质量 (g)	盒质量 (g)	水质量 (g)	干土质量 (g)	塑限 (%)	塑限平均值 (%)	备注
			（1）	（2）	（3）	（4）	（5）	（6）		
						(1)－(2)	(2)－(3)	$\frac{(4)}{(5)}\times100$		

土样名称 $I_P=$_____

土样状态 $I_L=$_____

常水头渗透实验记录

试样编号 _____　　　　班　级 _____　　　　测压孔间距 _____10 cm

小　组 _____　　　　实验日期 _____　　　　姓　名 _____

实验次数	经过时间 (s)	侧压管水位 (cm)			水位差 (cm)			水力坡降	渗水量 (cm)	渗透系数 (cm/s)	水温 (°C)	校正系数	水温 20 ℃ 时的渗透系数 (cm/s)	平均渗透系数 (cm/s)
		I	II	III	H_1	H_2	平均							
	(1)	(2)	(3)	(4)	$(5)=(2)-(3)$	$(6)=(3)-(4)$	$(7)=\dfrac{(5)+(6)}{2}$	$(8)=0.1\times(7)$	(9)	$(10)=\dfrac{(9)}{A\times(8)\times(1)}$	(11)	$(12)=\dfrac{\eta_T}{\eta_{20}}$	$(13)=(10)\times(12)$	$(14)=\dfrac{\sum(13)}{n}$

变水头渗透实验记录

工 程 名 称 _____　　　　试 样 面 积 (A) _____　　　　班 　 级 _____　　　　试 样 编 号 _____

试样高度 (L) _____　　　　小 　 组 _____　　　　仪 器 编 号 _____　　　　测压管断面面积 (a) _____

姓 　 名 _____　　　　实 验 日 期 _____　　　　孔 隙 比 (e) _____

开始时间 t_1(s)	终了时间 t_2(s)	经过时间 t_3(s)	开始水头 h_1(cm)	终了水头 h_2(cm)	$2.3\dfrac{aL}{At}$	$\lg\dfrac{h_1}{h_2}$	水温 T °C 时渗透系数 k_T (cm/s)	水温 °C	校正系数	水温 20 °C 时的渗透系数 K_{20} (cm/s)	平均渗透系数 K_{20} (cm/s)
(1)	(2)	(3)=(2)−(1)	(4)	(5)	(6)	(7)	(8)=(6)×(7)	(9)	$(10)=\dfrac{\eta_T}{\eta_{20}}$	(11)=(8)×(10)	$(12)=\dfrac{\sum(11)}{n}$

自由膨胀率实验记录

土样说明＿＿＿＿＿＿＿＿　　　班　　级＿＿＿＿＿＿　　　量土杯容积＿＿＿＿＿＿＿＿

实验小组＿＿＿＿＿＿＿＿　　　实验日期＿＿＿＿＿＿　　　姓　　名＿＿＿＿＿＿＿＿

土样编号	干土质量(g)	量筒编号	不同时间（h）体积读数(mL)						自由膨胀率（%）	
			2	4	6	8	10	12	δ_{ef}	平均值

有荷载膨胀率实验记录

土样说明＿＿＿＿＿＿＿＿　　　班　　级＿＿＿＿＿＿＿＿　　　仪器编号＿＿＿＿＿＿＿＿

实验小组＿＿＿＿＿＿＿＿　　　实验日期＿＿＿＿＿＿＿＿　　　姓　　名＿＿＿＿＿＿＿＿

实验状态					膨胀量测量			
项目			实验前	实验后	测定时间 (d h min)	经过时间 (d h min)	量表读数 (0.01mm)	膨胀率 (%)
环刀编号								
环刀加湿土质量 (g)	(1)							
环刀加干土质量 (g)	(2)							
环刀质量 (g)	(3)							
湿土质量 (g)	(4)= (1) − (3)							
干土质量 (g)	(5)= (2) − (3)							
含水率 (%)	$(6)=$ $\left(\dfrac{(4)}{(5)}-1\right)\times100$							
试样体积 (cm³)	(7)							
试样密度 (g/cm³)	(8)= (4)/(7)							
干密度 (g/cm³)	(9)= (5)/(7)							
土粒比重 (g/cm³)	(10)							
孔隙比	$(11)=\dfrac{(10)}{(9)}-1$							

26

无荷载膨胀率实验记录

仪器编号＿＿＿＿＿　　班　级＿＿＿＿＿　　试样编号＿＿＿＿＿

实验小组＿＿＿＿＿　　实验日期＿＿＿＿＿　　姓　名＿＿＿＿＿

项目		实验状态		膨胀量测量			
		实验前	实验后	测定时间 (d h min)	经过时间 (d h min)	量表读数 (0.01 mm)	膨胀率(%)
环刀编号							
环刀加湿土质量(g)	(1)						
环刀加干土质量(g)	(2)						
环刀质量(g)	(3)						
湿土质量(g)	(4)=(1)−(3)						
干土质量(g)	(5)=(2)−(3)						
水质量(g)	(6)=(4)−(5)						
含水率(%)	$(7)=\dfrac{(6)}{(5)}\times100$						
试样体积(cm³)	(8)						
密度(g/cm³)	(9)=(4)/(8)						
干密度(g/cm³)	(10)=(5)/(8)						
土粒比重(g/cm³)	(11)						
孔隙比	(12)= (11)/(10)−1						

膨胀力实验记录

仪器编号 _____ 班　级 _____ 试样编号 _____

实验小组 _____ 实验日期 _____ 姓　名 _____

实验状态		实验前	实验后	膨胀量测量				
				测定时间 (d h min)	平衡重 (N)	压力 (kPa)	仪器变形量 (mm)	
项目								
环刀编号								
环刀加湿土质量 (g)	(1)							
环刀加干土质量 (g)	(2)							
环刀质量 (g)	(3)							
湿土质量 (g)	(4)	(1)−(3)	(1)−(3)					
干土质量 (g)	(5)	由试后得	(2)−(3)					
水质量 (g)	(6)	(4)−(5)						
含水率(%)	(7)	$\frac{(6)}{(5)}\times100$	$\frac{(6)}{(5)}\times100$					
试样体积 (cm³)	(8)	V_0	$V_0(1+V_h)$					
密度 (g/cm³)	(9)	(4)/(8)	(4)/(8)					
干密度 (g/cm³)	(10)	(5)/(8)	(5)/(8)					
土粒比重 (g/cm³)	(11)							
孔隙比	(12)	$\frac{(11)}{(10)}-1$						

28

土的水理性质实验小结

击 实 实 验

班级＿＿＿＿＿＿＿＿＿　第＿＿＿＿＿＿＿实验小组　姓名＿＿＿＿＿＿＿＿＿＿　实验日期＿＿＿＿＿＿

仪器设备及环境条件	名称		型号	编号	示值范围	分辨力	温度	相对湿度
							°C	%

样品描述				采用标准				
实验方法		风干含水量(%)				筒质量(g)		(2)
土样类别		>5 mm 颗粒含量				筒体积(cm³)		(4)

序号	筒+土质量 (g)	湿土质量 (g)	湿密度 (g/cm³)	含水率 w					干密度 (g/cm³)
				皿号	湿土质量 (g)	干土质量 (g)	含水率 (%)	平均值 (%)	
	(1)	$(3) = (1)-(2)$	$(5) = (3)/(4)$		(7)	(8)	$(9)=\left[\dfrac{(7)}{(8)}-1\right]\times100$	(10)	

$w_{opt} = \quad$ %

$\rho_{d\,max} = \quad$ g/cm³

干密度 ρ_d (g/cm³)

含水量 w(%)

备注：

振动三轴实验记录（动强度与液化实验）

实验小组 _____　　班　级 _____　　试样编号 _____

实验日期 _____　　姓　名 _____

固结前		固结后		固结条件		实验及破坏条件	
试样直径 d	mm	试样直径 d_c	mm	固结应力比 K_c		振动频率	Hz
试样高度 h	mm	试样高度 h_c	mm	轴向固结应力 σ_{1c}	kPa	给定破坏振次	次
试样面积 A	cm^2	试样面积 A_c	cm^2	侧向固结应力 σ_{3c}	kPa	均压时孔压破坏标准	kPa
试样体积 V	cm^3	试样体积 V_c	cm^3	固结排水量 ΔV	mL	均压时应变力破坏标准	%
试样干密度 ρ_d	g/cm^3	试样干密度 ρ_{dc}	g/cm^2	固结变形量 Δh	mm	偏压时应变力破坏标准	%

续表

振次 次	动应变			动应力				动孔隙水压力			
	光点位移 L_ε (cm)	标定系数 K_ε (cm/cm)	动应变 ε_d %	光点位移 L_σ (cm)	标定系 K_σ (N/cm)	动应力 σ_d (kPa)	液化应力比 $\dfrac{\sigma_d}{2\sigma'_0}$	光点位移 L_n (cm)	标定系数 K_n (kPa/cm)	动孔压 u_d (kPa)	动孔压比 $\dfrac{u_d}{\sigma'_3}$
(1)	(2)	(3)	$(4)=\dfrac{(2)\times(3)}{h_c}\times100$	(5)	(6)	$(7)=\dfrac{(5)\times(6)}{A_c}\times10$	$(8)=\dfrac{(7)}{2\times\sigma'_0}$	(9)	(10)	$(11)=(9)\times(10)$	$(13)=\dfrac{(11)}{\sigma_{3c}}$

振动三轴实验记录（模量与阻尼比实验）

仪器编号 ＿＿＿＿＿＿＿　　　　　班　级 ＿＿＿＿＿＿＿　　　　　试样编号 ＿＿＿＿＿＿＿

实验小组 ＿＿＿＿＿＿＿　　　　　实验日期 ＿＿＿＿＿＿＿　　　　　姓　名 ＿＿＿＿＿＿＿

固结前		固结后		固结条件	
试样直径 d	mm	试样直径 d_c	mm	固结应力比 K_c	
试样高度 h	mm	试样高度 h_c	mm	轴向固结应力 σ_{1c}	kPa
试样面积 A	cm^2	试样面积 A_c	cm^2	侧向固结应力 σ_{3c}	kPa
试样体积 V	cm^3	试样体积 V_c	cm^3	固结排水量 ΔV	mL
试样干密度 ρ_d	g/cm^3	试样干密度 ρ_{dc}	g/cm^2	固结变形量 Δh	mm

34

续表

输出电压 (mV)	动应力				动应变				动孔隙水压力				动模量		阻尼比		
	表减挡	光点位移 L_σ (cm)	标定系数 K_σ (N/cm)	动应力 σ_d (kPa)	表减挡	光点位移 L_ε (cm)	标定系数 K_e (cm/cm)	动应变 ε_d (%)	表减挡	光点位移 L_n (cm)	标定系数 K_u (cm/cm)	动孔压 u_d (kPa)	动模量 E_d (MPa)	$\dfrac{1}{E_d}$ (MPa^{-1})	滞回圈面积 A (cm^2)	三角形面积 A_s (cm^2)	阻尼比 λ_d
	(1)	(2)	(3)	$(4)=$ $10\times\dfrac{(2)\times(3)}{A_c}$	(5)	(6)	(7)	$(8)=$ $\dfrac{(6)\times(7)}{h_c}$ $\times100$	(9)	(10)	(11)	$(12)=$ $(11)\times(10)$	$(13)=$ $\dfrac{(4)}{(8)}$	$(14)=$ $\dfrac{1}{(13)}$	(15)	(16)	$(17)=$ $\dfrac{1}{4\pi}$ $\times\dfrac{(15)}{(16)}$

35

土的动力性质实验小结

灌砂法试验

仪器编号 _____   班级 _____   试样编号 _____

实验小组 _____   实验日期 _____   姓名 _____

	桩　号							
	层次及厚度(cm)							
灌砂前砂+容器质量(g)	(1)							
灌砂后砂+容器质量(g)	(2)							
灌砂筒下部锥体内砂质量(g)	(3)							
试坑入量砂的质量(g)	(4)	(1)−(2)−(3)						
量砂松散堆积密度（g/cm³）	(5)							
试坑体积(cm³)	(6)	(4)/(5)						
试坑中挖出的湿料质量(g)	(7)							
试样湿密度（g/cm³）	(8)	(7)/(6)						
平均湿密度（g/cm³）	(9)							
含水率 w (%)	盒　号	(10)						
	盒　质　量(g)	(11)						
	盒+湿料质量(g)	(12)						
	盒+干料质量(g)	(13)						
	水　质　量(g)	(14)	(12)−(13)					
	干　料　质　量(g)	(15)	(13)−(11)					
	含水率 w(%)	(16)	(14)/(15)×100					
	平均含水率 w(%)	(17)						
干密度（g/cm³）	(18)	(8)/[1+(17)]						
最大干密度（g/cm³）	(19)							
压实度(%)	(20)	(18)/(19)×100						

38

灌水法试验

仪器编号＿＿＿＿＿　班级＿＿＿＿＿　试样编号＿＿＿＿＿　实验小组＿＿＿＿＿　实验日期＿＿＿＿＿　姓名＿＿＿＿＿

测　点						
试坑体积(cm³)	(1)					
试坑中挖出的湿料质量(g)	(2)					
试样湿密度（g/cm³）	(3)	(2)/(1)				
含水率 *w*(%)	盒　　号	(4)				
	盒　质　量(g)	(5)				
	盒+湿料质量(g)	(6)				
	盒+干料质量(g)	(7)				
	水　质　量(g)	(8)	(6)−(7)			
	干料质量(g)	(9)	(7)−(5)			
	含水率 *w*(%)	(10)	(8)/(9)×100			
平均含水率 *w*(%)	(11)					
干密度（g/cm³）	(12)	(3)/[1+(10)]				
最大干密度（g/cm³）	(13)					
压实度(%)	(14)	(12)/(13)×100				

载荷试验记录表

桩号 _____ 班级 _____ 第 _____ 实验小组 姓名 _____ 日期 _____

加荷时间	读数时间	荷载 (kPa)	沉降量(mm)								平均沉降量 (mm)	累积沉降量 (mm)	备注
			A		B		C		D				
			读数	沉降	读数	沉降	读数	沉降	读数	沉降			

静力触探实验记录

孔　　　号＿＿＿＿＿＿＿　　　孔口标高＿＿＿＿＿＿m　　　班级＿＿＿＿＿＿＿

水位标高＿＿＿＿＿＿m　　　小　　　组＿＿＿＿＿＿＿

k_q ＿＿＿＿＿＿＿　　　探头编号＿＿＿＿＿＿＿　　　姓名＿＿＿＿＿＿＿

率定系数 k_f＿＿＿＿＿＿　　　k_u ＿＿＿＿＿＿＿＿＿　　　实验日期＿＿＿＿＿＿＿

1. 阻力测定

触探深度 (m)	锥头阻力 q_c(kPa)	摩擦阻力 f_s(kPa)	孔隙水压力 u(kPa)		摩阻比 $F = \dfrac{f_s}{q_c} \times 100\%$ (%)

2. 孔压消散（触探深度：m）

时间 (min)	经过时间 (min)	孔隙压力 (kPa)	空隙压力消散百分数 (%)

绘图：

十字板剪切试验记录表

孔号＿＿＿＿＿＿＿＿＿　　　　班级＿＿＿＿＿＿＿＿＿＿＿　　　　第＿＿＿＿＿＿＿实验小组

姓名＿＿＿＿＿＿＿＿＿　　　　　　　　　　　　　　　　　　　日期＿＿＿＿＿＿＿＿＿＿＿

孔口标高：＿＿＿＿＿＿＿＿　　试验深度：＿＿＿＿＿＿＿＿　　稳定水位：＿＿＿＿＿＿＿＿

十字板规格：D＿＿＿＿＿＿mm　　　　　　　　　　　　　H＿＿＿＿＿＿＿mm

$K(K')$＿＿＿＿＿＿＿＿　钢环（传感器）编号：＿＿＿＿＿＿　率定系数：＿＿＿＿＿ N/mm

序号	原状土		重塑土		轴杆	备注
	百分表读数（0.01 mm）（或应变仪读数)(μ_ε)	抗剪强度 C_u(kPa)	百分表读数（0.01 mm）（或应变仪读数）(μ_ε)	抗剪强度 C'_u(kPa)	百分表读数（0.01 mm）	

土工原位测试实验小结